中国茶道与茶文化

主　编
罗学亮

编　委
张庭政　蒋　洋　张献光
梁明侠　孔范君　杨红戈
赵爱艳　彭波臣　李　芳
唐　洁　李　倩　吕一匡

金盾出版社

内容提要

本书系统地介绍了中国茶道与茶文化的历史与发展，以及茶树、茶叶、茶具等知识；介绍了泡茶与品茶的方法、茶道礼仪及茶道与佛教、道教的关系等；介绍了中国民俗茶艺、饮茶养生保健和咏茶诗词、对联等趣味知识；介绍了具有代表性的名茶与科学饮茶注意事项。本书将陪伴读者领略中国茶道的风采，进入学习茶道的大门，提升自身文化修养，甚至改变自己的人生品位与气质。

图书在版编目(CIP)数据

中国茶道与茶文化/罗学亮主编．—北京：金盾出版社，2014.11(2019.3 重印)

ISBN 978-7-5082-9597-8

Ⅰ.①中…　Ⅱ.①罗…　Ⅲ.①茶叶—文化—中国　Ⅳ.①TS971

中国版本图书馆 CIP 数据核字(2014)第 177962 号

金盾出版社出版、总发行

北京市太平路 5 号(地铁万寿路站往南)

邮政编码：100036　电话：68214039　83219215

传真：68276683　网址：www.jdcbs.cn

双峰印刷装订有限公司印刷、装订

各地新华书店经销

开本：880×1230 1/32　印张：10　字数：227 千字

2019 年 3 月第 1 版第 3 次印刷

印数：6 001～9 000 册　定价：30.00 元

前言

茶是世界上最普及的饮料之一，在全世界尤其是东方各国，有着悠久的历史。作为饮茶之道的“茶道”最早在中国的僧侣阶层出现，并迅速传播到国内各阶层以及韩国、日本等国家，并发展出各具特色的茶道。

作为一种饮料，它是如何演变成一种“文化”的呢？其他的饮料如咖啡、可可等，都没能发展成具有如此深刻内涵的文化现象。茶被称为最文明的饮料，可能与茶道提倡清净、内敛、谦逊的精神有关，这其中，道家思想与佛教禅宗思想对茶道的发展起着非常关键的作用，正是在道家和禅宗思想的影响下，中国茶道才能具备深刻的内涵，我们可以把泡茶（茶艺）理解为茶道的外在形式，把道家和禅宗思想作为茶道的内在灵魂，这样有助于我们理解茶道的意义——以茶修行，并在学习、理解道家和禅宗思想的基础之上，一窥茶道的门径，成为茶道高手，提升自己的修养和境界。

在茶道修行过程中，最关键的不是获得什么，而是“抛弃”什么，比如抛弃虚荣心、争斗心、名利心、贪欲心等，只剩下一个纯真、纯善、祥和、慈悲的心态。可以说，这时我们达到了一种“喜悦、轻盈、忘我”的境界，犹如融入一幅真正的艺术作品之中。从这个意义上说，茶道兼具哲学性和艺术性。

当然，要想把茶泡好，必须先认识茶叶的特性，包括茶树、茶叶的制作、茶叶的成分、泡茶时需掌握的技巧（水温、投茶量、浸泡时间）、品茶的方法以及喝茶的“宜”与“忌”等等，这些可称为茶道的科学性，属于茶道的基础知识，我们平时要注意积累。

本书是一本茶道入门图书，集中了众多茶人的智慧。就跟任何一种技艺或艺术一样，需要长时间的实践和思考才能掌握其精髓——仅仅读书并不能真正理解茶道，但认真读书有助于理解茶道。茶道不像表面看上去的那样简单，当然，茶道也不是多么神秘，要真正理解茶道，这完全取决于每个人的感悟。

编著者

目　录

第一章　中国茶道的起源

茶道，是在茶事活动中融入哲理、伦理、道德，通过品茗来修身养性、品味人生，达到精神上的享受。修行是茶道的根本，是茶道的宗旨，茶人通过茶事活动怡情悦性、陶冶情操、修心悟道。中国茶道的修行是“性命双修”。

一、中国茶道的由来

中国是茶树的故乡，是世界上最早发现茶、利用茶、种植茶，并且最早实现茶叶商品化生产的国家。《神农本草经》记载：“神农尝百草，日遇七十二毒，得荼而解之。”荼即茶的古字。陆羽《茶经·六之饮》有“茶之为饮，发乎神农氏，闻于鲁周公……”意思是说，茶作为饮料来喝，是从神农氏开始的，而把它传布开来，则是在周朝鲁国先君周公的时候。神农即炎帝，是传说中农耕文明和中医中药的创始者。

(一)茶道起源

中国人在唐或唐以前，就将茶饮作为一种修身养性之道。大家公认，唐朝的陆羽是中国茶道的始创人。陆羽《茶经》三卷十章，立论完备，在世之时已广为流传，至今则译成各国文字，在世界艺术殿堂增添了茶味。和陆羽同一时代的封演在其《封氏闻见记》里记载：

“楚人陆鸿渐为茶论，说茶之功效，并煎茶、炙茶之法。造茶具二十四事，以都统笼贮之，远近倾慕，好事者家藏一副。有常伯熊者，又因鸿渐之论广润色之，于是茶道大行，王公朝士无不饮者。”

这也是现存文献中对茶道的最早记载。可以说，陆羽作为中国茶道开山祖师的地位，在当时已被认定。

在唐宋年间，人们对饮茶的环境、礼节、操作方式等饮茶仪程都很讲究，有了一些约定俗成的规矩和仪式，茶宴已有宫廷茶宴、寺院茶宴、文人茶宴之分。对茶饮在修身养性中的作用也有了相当深刻的认识，宋徽宗赵佶是一个茶饮的爱好者，他认为茶的芬芳气味，能使人闲和宁静、趣味无穷：“至若茶之为物，擅瓯闽之秀气，钟山川之灵禀，祛襟涤滞，致清导和，则非庸人孺子可得知矣。中澹闲洁，韵高致静……”

在我国历史上，好的茶人往往都是杰出的艺术家，他们既有很高的文化修养、艺术造诣，又懂茶理。可见，中国人在烹饮过程中贯彻了艺术思想和美学观点。因此，不能简单地把中国茶道看作一种技法，而应全面理解其中的技艺、器物、韵味与精神。

(二)以茶修行

修行是茶道的根本，是茶道的宗旨，茶人通过茶事活动怡情悦性、陶冶情操、修心悟道。中国茶道的修行为“性命双修”，修性即修心，修命即修身，性命双修亦即身心双修。修命、修身，也谓养生，在于祛病健体、延年益寿；修性、修心在于修道立德、怡情悦性、明心见性。性命双修最终落实于尽性致命。

中国茶道的理想就是养生、怡情、修性、证道。证道是修道的结果，是茶道的理想，是茶人的终极追求，是人生的最高境界。茶道的宗旨、目的在于修行，环境亦好，礼法亦好，茶艺亦好，都是为着一个目的——修行而设，服务于修行。修行是为了每个参加者自身素质和境界的提高，塑造完美的人格。

(三)品茶的三种境界

一是喝茶：将茶当饮料解渴。二是品茶：注重茶的色、香、味、韵、形，讲究水质、茶具、环境、气氛，喝的时候又能细细品味。三是得道：在茶事活动中融入哲理、伦理、道德，通过品茗来品味人生、修身养性。

(四)茶圣陆羽

陆羽(733～约 804 年)，字鸿渐，一名疾，字季疵，号桑苎翁，又号竟陵子、东岗子，复州竟陵郡(今湖北天门)人，出生于唐玄宗开元二十一年(733 年)，约卒于唐德宗贞元二十年(804 年)，历唐代中期的玄宗、肃宗、代宗、德宗四朝。

陆羽被尊为茶圣，主要因为他写就了世界上第一本关于茶的百科全书——《茶经》。陆羽的足迹踏遍了产茶的众多州郡，遍访长江、淮河、珠江流域绵亘数千里的产茶区，孜孜不倦地钻研茶学，从茶之溯源、制茶工具、采制、评鉴、煮茶器皿、煮茶、饮用、茶史茶事等各种不同的专业角度，著书立说，终成《茶经》。

这部书奠定了我国茶学的地位，它论述周详精辟，著作年代在同类书中最早。《茶经》的问世推动了茶事业的极大发展，对中国的茶叶学、茶文化学，乃至整个中国的饮食文化、中国传统艺术都产生了深远的影响。从文化的角度来说，《茶经》开辟了一个新的文化领域：它首次把饮茶当作一种艺术过程来看待，创造了一套中国茶艺，是贯穿着浓郁的美学意境和氛围的技艺；它首次把“精神”二字贯穿于茶事之中，强调茶人的品格和思想情操，把饮茶看成“精行俭德”，进行自我修养、锻炼意志、陶冶情操的方法；它首次把儒、道、佛的思想文化与饮茶过程融为一体，首创中国茶道精神。所以《茶经》是自然科学与社会科学、物质与精神的巧妙结合，而陆羽被尊为“茶圣”也就当之无愧了。

二、品茶悟道话人生

在现代社会要提升生活质量，实现快乐人生，最好的方法之一就是提升心灵的愉悦感，通过修习茶道，去彻悟“茶味人生”。彻悟茶味人生主要包含以下几个方面。

第一，像品茶一样心无杂念，放下一切，用心去品味生活，从生活的苦涩中品出生活的甘美与芬芳。

第二，真正领悟茶的世界是万物和谐、相互依赖、共生共荣的世界。再优良的茶树品种，如果没有适宜的生态环境都无法存活。质量再好的茶叶如果没有清纯甘冽的水、适宜的茶具、恰到好处的水温和出汤时间，也无法冲泡出色香味韵俱佳的茶汤。由此推理可知，再优秀的人才，如果不能与周围的自然环境及社会环境和谐相处，他的生活就不可能幸福快乐。

第三，“茶味人生”是对“虚荣人生”的彻底否定，即剥掉人类的伪装，怀着赤子之心，率性认真地按照人生本来的面目去生活，彻悟了茶道的精神，我们就能在喧嚣的世界里保持清醒，就能在滚滚红尘中以超然的心态，旷达的胸襟与茶共舞，享受快乐的人生。

茶道是一种以茶为媒的生活礼仪，也被认为是修身养性的一种方式，它通过沏茶、赏茶、饮茶，增进友谊，美心修德，学习礼法。喝茶能静心、静神，有助于陶冶情操、去除杂念，这与提倡“清静、恬淡”的东方哲学思想很合拍，也符合佛道儒的“内省修行”思想。茶道精神是茶文化的核心，是茶文化的灵魂。

三、中国茶文化的意义

茶文化与一般的饮食有很大的区别，它除了满足人们的生理需要之外，更重要的是能满足人们的心理需求。茶道精神是在茶艺操作过程中体现的，是人们在品茶活动中的一种高品位的精神追求。除了文化的传承，茶对提升我们日常生活品味、和谐人际关系、加强身心修养具有深远的意义。

（一）增进人际关系

以茶敬客，可以化解矛盾，增进团结，和谐人际关系。

俗话说：人不可一日无茶，可见茶在生活中所处的地位。茶也是古往今来的待客之道，有诗云：“寒夜客来茶当酒。”可见古人以茶代酒款待客人的传统。我们以茶待客，不仅能融洽关系，而且也能提升品位，无形中也提高了交往的质量和意义。

（二）促进家庭和谐

家庭是社会的细胞，是每个人生活中温馨的港湾。在繁忙的工作和学习之余，回到家中，一杯茶，可以解去一天的身心疲惫。

或握杯独饮，享受茶艺的宁静，品味人生的滋味，感悟人生的真谛，调整思路和心绪，以更饱满的热情去面对生活和学习中的激烈竞争；或家人团聚，围桌共饮，在亲切温馨的气氛中，排除生活中的各种不快和烦恼，享受亲情，享受天伦之乐。可见，茶对于调和家庭气氛，促进家庭成员的交流，丰富生活内容，是一种十分有效的手段。

（三）有益身心健康

茶是最好的保健饮料，这已为几千年的经验及现代科学所证明。饮茶能振奋精神，开阔思路，消除身心疲劳，保持旺盛的活力。

茶文化是应对人生挑战的益友。在激烈的社会竞争、市场竞争下，紧张的工作、应酬，复杂的人际关系，以及各类依附在人们身上的压力不轻。参与茶文化，能更好地使精神和身心进一步放松，更自如地应对人生的挑战。

（四）能够修心养性

茶原来生长在大森林之中，耐得阴苦，不出锋头，紧紧和大自然拥抱在一起。不管作为药用、食用还是饮用，茶都能满足人们的物质需要。同时，又能给予人们精神的寄托与信仰的满足。陆羽在《茶经》中指出，茶之为饮，“最宜精行俭德之人”。唐代韦应物的茶诗《喜园中茶生》也提出，“洁性不可污，为饮涤尘烦”，“此物性灵味”，“得与幽人言”。清代郑板桥则“只和高人入茗杯”。茶具有性俭、自然、中正、纯朴的性质，这使茶与崇尚虚静自然的道家思想达到了最大程度的契合。古人常把茶品、人品相提并论。茶初泡为苦，继而转甘，后则淡然，细品则人生如茶。

人们通过接触茶、了解茶、研习茶艺、品茶、评茶，往往能够进入忘我的境界，从而远离尘嚣，远离污染，给身心带来愉悦，因为茶洁净淡泊，朴素自然。茶耐得寂寞，自守无欲，与净静相依。在享受茶艺之美的过程中，借助于茶的灵性，我们去感悟生活，不断调适自己，慎独自重，自我修养，自我超越，可保持一种良好的心态。

茶文化以德为中心，重视人的群体价值，倡导无私奉献，反对见利忘义和唯利是图。主张义重于利，注重协调人与人之间的相互关系，提倡对人尊敬，重视修心养性，有利于人的心态平衡，解决现代人的精神困惑，提高人们的生活质量，丰富文化生活。以茶雅志，可陶冶个人情操，提高个人道德品质和文化素质修养。

以茶行道，可净化社会风气。茶文化的传播表明，茶文化有改变社会不正当消费活动、创建精神文明、促进社会进步的作用。

四、茶道与茶艺的关系

茶道是以修行得道为宗旨的饮茶艺术。它是茶艺与精神的结合，并通过茶艺表现精神。

(一)茶艺是茶道的必要条件

茶艺是茶道的基础和载体,是茶道的必要条件,茶道离不开茶艺。茶艺可以独立于茶道而存在。茶道以茶艺为载体,依存于茶艺。茶艺重点在"艺",重在习茶艺术,以获得审美享受;茶道的重点在"道",旨在通过茶艺修心养性、参悟大道。

(二)"艺"与"道"

我们这里所说的"艺",是指制茶、烹茶、品茶之术;我们这里所说的"道",是指艺茶过程中所贯彻的精神。有道而无艺,那是空洞的理论;有艺而无道,艺则失去精神。茶艺,有名有形,是茶文化的外在表现形式;茶道,就是精神、道理、规律、本源与本质,它经常是看不见、摸不着的,但你却完全可以通过心灵去体会。茶艺与茶道结合,艺中有道,道中有艺,是物质与精神高度统一的结果。

著名茶文化专家蔡荣章认为:"如要强调有形的动作部分,则使用'茶艺';强调茶引发的思想与美感境界,则使用'茶道'。指导'茶艺'的理念,就是'茶道'。"

茶道依存于茶艺,舍茶艺则无茶道。茶艺的内涵小于茶道,但茶艺的外延大于茶道。茶艺可以独立于茶道而存在,作为一门艺术,也可以进行舞台表演。因此说,表演茶艺或茶艺表演是可以的,但说茶道表演或表演茶道则是不妥的。因为,茶道是供人修行的,不是表演给别人看的,可表演的是茶艺而不是茶道。

第二章 中国茶文化的历史

茶是中华民族的传统饮料，发于神农，闻于周公，兴于唐朝，盛于宋代，普及于明清之时。茶文化以茶为载体，并通过这个载体来传播各种艺术。茶文化是茶与文化的有机融合，包含和体现一定时期的物质文明和精神文明。

一、茶文化的由来

种茶、饮茶不等于有了茶文化，而是茶文化形成的前提条件，由茶到茶文化还必须有文人的参与和文化的内涵。唐代陆羽所著《茶经》系统地总结了唐代及唐以前茶叶生产、饮用的经验，提出了“精行俭德”的茶道精神。陆羽和皎然等一批文化人非常重视茶的精神享受和道德规范，讲究饮茶用具、饮茶用水和煮茶艺术，并与儒、道、佛哲学思想交融，而逐渐使人们进入茶饮的精神领域。在一些士大夫和文人雅士的饮茶过程中，还创作了很多茶诗，仅在《全唐诗》中就有四百余首，从而奠定中国茶文化的基础。

茶文化的含义有广义、狭义之分。

从广义上说，茶文化就是人类在发展、生产及利用茶的过程中，以茶为载体，表达人与人、人与自然之间产生的各种理念信仰、思想感情、意识形态的总和。它的内容形式包括茶艺、茶道、茶德及茶的发现和利用，茶区人文环境、茶业科技、茶的生产和流通、茶具的发生和演变、饮茶习俗、茶对社会生活的影响、茶事文学艺术及茶的传播等。

从狭义上说，茶文化就是它的自然属性与人的精神行为的和谐统一，逐步达到以饮之为用内化为饮之为道，使人得到精神享受，产生一种美妙的境界，增进修养，助人内省，使人明心见性。茶文化主要包括如茶禅、茶道、茶德、茶俗，以茶养性、以茶育德、以茶待客、以茶养廉，以及千百年来在饮茶过程中形成的约定与成规等。

二、茶文化的演变与发展

我国饮茶方法先后经过烹茶、点茶、泡茶以及当代饮法等几个阶段。

古代饮茶方法不同于现今。古人饮茶法的记载始见于三国时代(公元220～280年)，魏国人张揖《广雅》记载："荆、巴间(地处今长江中游一带)采茶作饼……若饮，先炙令色赤，捣末置瓷器中，以汤浇覆之，用葱、姜芼(mào)之('芼之'即茶末与葱姜等煮成羹食)。其饮醒酒，令人不眠。"

(一)唐代烹茶

进入唐代(公元618～907年)，饮茶以烹煎为主，将茶饼碾碎成末再饮。据陆羽《茶经》记载，唐时文人啜茶法，采茶制饼，把干茶饼放在无烟炭火上炙烤，候冷入茶碾碾成茶粉，过罗备用。煮茶时先烧一锅开水，稍沸时放点食盐调成咸味，即用“茶则”(量具)匙茶粉入锅、搅匀稍煮，舀入茶碗，温降至适口时趁热喝。一碗不够，再喝一碗。唐时人们感觉适量饮茶可以提神醒脑，陆羽称之为“荡昏寐”。陆羽总结、提倡的饮茶法是饮茶史上“清饮法”的雏形，因为仍保留加盐的饮茶方法。

唐代民间饮茶采用的是“调饮法”，即将茶叶与其他食物掺和煮饮。陆羽《茶经》记载的是把茶饼捣碎“贮于瓶缶中，以汤沃焉，谓之痷(通‘腌’)茶，或用葱姜、枣、橘皮、茱萸、薄荷之属，煮之百沸”，即煮得透熟饮用。唐末文人皮日休介绍说：“季疵(即陆羽)以前称茗饮者，必浑以烹之，与夫瀹蔬而啜者无异也。”唐代樊绰《蛮书》说云南少数民族饮茶，“以椒、姜、桂和烹而饮之”。陆羽一派文人不主张这样饮法，认为这样茶汤像“沟渠间弃水”(见《茶经·六之饮》)。但民间习俗就是这样饮法，也就是“调饮法”。从此以后，“清饮”和“调饮”两种方法逐渐发展传播至今。

(二)宋代点茶

进入宋代(公元960～1279年)，经过蔡襄和宋徽宗等上层人士的提倡，饮茶趋向精致，对清饮法进行了两点改进：一是茶粉由锅煮改为碗泡，名曰“点茶”、“分茶”；二是茶中不再添加咸味或香料，但仍保留茶汤和茶粉渣一道喝的习俗，即相当于现代日本“抹茶道”的点饮法。唐宋清饮法可称“汤、渣同饮”。

(三)明代散茶冲泡

进入明代(公元1368～1644年),基于制茶简约化,绝大部分地区不再制作茶饼,而改制成散形茶叶,时称"草茶",即相当于现代炒青、烘青、晒青的前身。泡饮时,取茶叶入茶壶、茶杯,开水冲泡,留下茶渣不食,进入完全的"清饮法"。散茶开始被人们接受,用沸水冲泡散茶的饮茶方式走进了人们的生活。

清代时,无论是茶叶、茶具还是茶的冲泡方法大多已和现代相似,六大茶类品类齐全。当时,中国已成为世界上最大的茶叶出口国。

三、唐代茶文化

唐朝是我国历史上十分强盛的封建王朝。开元年间,唐朝的经济高度发达,人民十分富足,这使得人民在实现温饱之后,有可能去追求更高层次的精神享受。

根据陆羽《茶经》记载,唐代茶叶有觕茶、散茶、末茶、饼茶等。觕茶就是粗老茶叶加工成的散茶。散茶是指幼嫩芽叶加工成的散叶茶。末茶是指蒸叶捣碎后干燥的碎末茶。饼茶是这一时期茶叶的主要形态,在《茶经·三之造》中有关于蒸青饼茶的详细记述,包括加工流程,即"晴,采之,蒸之,捣之,拍之,焙之,穿之,封之,茶之干矣";饼茶品质,陆羽将其分为八等,可见"茶有千万状";文中还提出了饼茶的鉴别方法,可见饼茶在唐代的代表性。

(一)饮茶蔚然成风

国家高度统一，打破了分裂割据的格局，使得交通发达，东南西北的文化经济交流活跃，为茶叶的流通和茶文化的传播创造了有利条件，使茶叶生产贸易有了飞跃的发展。到陆羽《茶经》付梓时，唐代茶叶的产区已遍及今天的四川、陕西、湖北、云南、福建、江西、浙江、江苏、安徽、河南等省区。

唐朝是我国饮茶历史上的鼎盛时期，到唐代中期饮茶已蔚然成风。陆羽写出了《茶经》，创制二十四器，还将饮茶分为赏茶、鉴水、列具、烹煮、品饮等若干环节，每个环节都使人感受到在饮茶过程中置身于美的境界之中。这就把茶饮的方法程序化，并辅以美学思想，从而形成优美的意境和韵律，将饮茶上升到了艺术的高度。所以说，唐代饮茶开启了品饮艺术的先河，使饮茶成为精神生活的享受。

(二)饮茶方式独特

唐代泡茶法中最有代表性的当属“煮茶法”，陆羽在《茶经·五之煮》中进行了详尽的描写。这种饮茶法的情况大致如下：

炙茶。考虑炙茶的禁忌、方法、火候、炙茶前后的茶况。

碾茶。考虑碾茶的时机、末茶的等级。

择火。煮茶宜用的火及煮茶忌用的火。

择水。考虑煮茶用水的等级及注意事项，煮茶忌用的水及其对健康的影响。

水温。考虑判断水温的依据，如一沸、二沸、三沸及超过三沸的情况。

调味。煮沸时加入适量的盐，以不要感觉到咸为度。

置茶。

煮茶。

分茶法。令沫饽均。

汤花的欣赏。花，沫，饽。

饮茶量。第一、二碗最好，第三碗其次，第四、五碗尚好，再多则不宜了。

分茶量。

饮茶养身原则。趁热喝。

茶性与品味的关系。不宜广泛。

汤色和香气的关系。浅黄色时香远闻，最美。

（三）茶器极为讲究

从陆羽《茶经》的记载中，我们知道当时的煮茶已经不单纯为满足口腹之欲，其从准备到煮茶再到品饮的过程本身就是一个艺术创造与精神享受的过程。所以煮茶的器具无论从材质还是构造，以及各种器具的配备都是考究的，充分体现实用性、完整性、艺术性。

从实用性与完整性的角度来讲，陆羽在《茶经·四之器》中列出了适于烹茶、品饮的二十四器，从备火、备水、备茶、烹煮、品饮、清理、陈列、收贮，一应俱全，应用这些茶器可以自如地完成一场完善的茶事。而陆羽在设计这些茶器时又充分考虑到了它们的艺术性，譬如风炉，一只风炉从结构到图案设计几乎完美诠释了中国道家五行思想和儒家为国励志的精神。小到漉水囊,"其囊,织青竹以卷之,裁碧缣以缝之,纽翠钿以缀之"。而其他器具,陆羽也均周全细致地设计,这样在煮茶的整个过程中茶人由视觉到内心都充分地接受美的熏陶。

为了让茶汤的品质表现最佳,陆羽的茶器在材质上极为讲究,有银、生铁、锻铁、生钢、熟钢、泥、石、白瓷、青瓷、海贝之类金属和非金属物质,还有青竹、葫芦、棕榈皮、剡藤纸、木漆、白蒲、鸟羽、绢、粗绸、油布之属,所用木料选用槐、楸、梓、茱萸、橘、梨、桑、桐、柘、桃、柳、蒲葵、柿树之类。众多的茶器,也要视场合增减。懂得繁复亦懂得化繁为简的陆羽提出"六废"之说,在六种状况下可以简化茶具使用,让茶席简约实用,这也是盛唐茶事兼容并包风格的体现。

(四)其他饮茶方式

唐代茶的饮法除煎茶法外,还有庵茶、煮茶等。

将茶叶先碾碎,再煎熬、烤干、舂捣,然后放在瓶子或细口瓦器之中,灌上沸水浸泡后饮用的,称为庵茶。"庵"(音 yān)字原意为半卧半起的疾病,在此用来称庵茶,是夹生茶的意思。在唐代庵茶法不仅在民间流传,在宫廷中也用此法饮茶。

唐代另一种饮茶法是唐以前就盛行的煮茶法,即把葱、姜、枣、橘皮、薄荷等物与茶放在一起充分煮沸,或者使汤更加沸腾以求汤滑,或者煮去茶沫。这种方法在唐代已经过时,陆羽就认为这种方法所煮出的茶"斯沟渠间弃水耳,而习俗不已",就如同应倒在沟里的废水一样不堪饮用,而世人一向的习惯就是这样的。现代民间喜爱的打油茶、擂茶等,则为原始煮茶遗风。

四、宋代茶文化

中国茶史上历来就有“茶兴于唐，盛于宋”的说法。

宋代制茶工艺有了新的突破，福建建安北苑出产的龙凤茶名冠天下。这种模压成龙形或凤形的专用贡茶又称龙团凤饼。贡茶的发展与宫廷中嗜茶风气是分不开的。宋代饮茶已在社会各个阶层中普及，包括下层平民。宋代，茶不仅成为人们日常生活中不可或缺的物品，而且饮茶的风俗也深入到民间生活的各个方面。

宋朝文人的地位得到了空前提升，重文轻武的风气在宋朝达到了极致，“好男不当兵”、“学而优则仕”等俗谚都是出在宋朝。同时，宋朝的史学、文学事业发达，诗、词、散文都有伟大成就，优秀文人辈出。在这样的背景下宋代茶文化也做到了极致，概括起来主要有以下特点：

（一）创立点茶法

饮茶方式由唐代的煎茶法演变成点茶法。点茶法是将茶叶末放在茶碗里，注入少量沸水调成糊状，然后再注入沸水，或者直接向茶碗中注入沸水，同时用茶筅搅动，茶末上浮，形成粥面。

其实，点茶就是把茶瓶里烧好的水注入茶盏中。具体操作是：在点茶时，先用瓶煎水，对候汤要求与唐代是一样的。而后将研细茶末放入茶盏，放入少许沸水，先调成膏。接着就是一手点茶，通常用的是执壶往茶盏点水。点水时，要有节制，落水点要准，不能破坏茶面。与此同时，还要将另一只手用茶筅旋转打击和拂动茶盏中的茶汤，使之泛起汤花（泡沫），称之为“运筅”或“击拂”。点泡后，如果茶汤的颜色呈乳白色，茶汤表面泛起的“汤花”能较长时间凝住于杯盏内壁不动，这样才算点泡出一杯好茶。在实际操作过程中，注水和击拂是同时进行的。所以，严格说来，要创造出点茶的最佳效果，一要注意调膏，二要有节奏地注水，三是茶筅击拂得视情而有轻重缓急的运用。只有这样，才能点出最佳效果的茶汤来。而这种高明的点茶能手，被称之为“三昧手”。北宋苏轼《送南屏谦师》曰：“道人晓出南屏山，来试点茶三昧手。”说的就是这个意思。点茶追求茶的真香、真味，不掺任何杂质，并且十分注重点茶过程中的动作优美协调。点茶以茶粉作为原料，再用沸水点冲，所以人们饮用时要连茶粉带水一起喝下。

（二）产生了茶文化的高潮——斗茶与分茶

由于点茶法使饮茶具有很强的娱乐性，同时经常性的开展比试点茶技艺的活动（斗茶）促使点茶的技艺不断创新，由此产生了能在茶汤中形成文字和图像的技艺（分茶）。在宋徽宗和一大批文人、僧人的推崇下，把分茶做到了极致，也将中国茶文化推向历史高潮。

宋代饮茶之风炽盛，风行评比调茶技术和茶质优劣的斗茶。我国斗茶始于唐而盛于宋，随着贡茶的兴起应运而生。在由于产贡茶而闻名于世的唐代建州茶乡，新茶制成后，茶农们为了评比新茶品序而进行比赛活动。这种活动后来被广泛传播，时间也不再限于采制新茶之时，参加者也不仅限茶农，目的也不限于评比茶叶的品第，而更重视评比斗茶者点汤、击拂技艺的高低。

宋代斗茶选用的茶以建茶（福建建安所产）中的白茶为最佳，一般是加工精细的饼茶。茶饼要坚密、干燥、纯净，然后经碾茶、过罗、置于盏中、加注沸水、用茶筅搅动等程序，直到茶汤表面浮起一层白色茶沫为止。

决定斗茶胜负的标准，主要有两方面。

一是汤色，即茶水的颜色。一般标准是以纯白为上，青白、灰白、黄白，则等而下之。色纯白，表明茶质鲜嫩，蒸时火候恰到好处；色发青，表明蒸时火候不足；色泛灰，是蒸时火候太老；色泛黄，则采摘不及时；色泛红，是炒焙火候过了头。

二是汤花，即指汤面泛起的泡沫。决定汤花的优劣要看两条标准：第一是汤花的色泽。因汤花的色泽与汤色是密切相关的，因此，汤花的色泽标准与汤色的标准是一样的。第二是汤花泛起后，水痕出现的早晚，早者为负，晚者为胜。如果茶末研碾细腻，点汤、击拂恰到好处，汤花匀细，有若“冷粥面”，就可以紧咬盏沿，久聚不散。这种最佳效果，名曰“咬盏”。反之，汤花泛起，不能咬盏，会很快散开。汤花一散，汤与盏相接的地方就露出“水痕”（茶色水线）。因此，水痕出现的早晚，就成为决定汤花优劣的依据。

所谓“咬盏”不是仅指汤花紧咬盏沿，只要盏内漂有汤花，不管在何位置，透过汤花看相应部位盏底兔毫纹（油滴纹）都有被咬住的样子，如果汤花在盏内飘动，盏底兔毫纹（油滴纹）则有被拉动的现象，非常生动有趣，这也是人们为何喜爱兔毫盏（油滴盏）的原因。

最后斗茶者还要品评茶汤，茶汤要做到味、香、色三者俱佳，才能算是最后获胜。不过，斗茶决胜负不限一次，如果共斗三次，则以两胜为最后胜利。

饮茶艺术的发展需要与之相配套的茶具，由于唐朝茶贵绿，而宜青瓷茶具，至宋因茶贵白，而独宜黑釉茶具，建窑黑釉茶盏应运而生，为斗茶的形成与繁荣注入了无限的活力。在这里着重谈一下建盏黑釉茶碗作为斗茶用具的优越性。

一是造型奇特。各式碗盏规格以中小型居多，适宜茶水饮量，造型口大足小，使茶末易于沉淀和倒渣。质量上乘的束口茶盏，口沿与腹部交接处的内壁有一道环绕的凸圈，正好能约束茶汤的量。使汤水的分量控制在凸圈以下，还能起到防止外溢烫手和保持汤面完美的效果。

二是胎体厚重。斗茶须先预热茶盏，点注后也要保持一定时间的温度。建盏胎骨厚重，可增强隔热效果，能保持茶汤的温度。

三是釉色美观。宋代茶饼碾成的粉末呈鲜白色，点茶后产生白色泡沫，在建盏黑釉的底色衬托下，黑白分明，令人赏心悦目。

宋代还流行一种泡茶游戏——分茶。分茶又称茶百戏，始于宋初，帝王与庶民都玩。玩时将茶末放入茶盏，注入沸水，用茶筅击拂茶汤，使茶乳变幻成图形或字迹。茶汤在泛出汤花时，汤花在转瞬间就消失殆尽，要使汤花在这极短的时间内显现出奇幻莫测的物象，需要高超的技艺。还有一种方法更是技高一筹：此法只需单手提壶，将沸水由上而下注入放好茶末的茶盏之中，茶面立即显现出奇丽的图形或文字。

（三）提高了茶叶和茶具质量

由于皇帝和文人对点茶、分茶和斗茶的推崇，对茶叶和点茶工具的质量有了很高的要求，在建安等地设立了专门的贡品生产基地，朝廷派官员监制，极大地提高了茶叶和茶具质量。

（四）产生了大量的茶学专著

茶学专著比唐代多，其中较著名的有宋徽宗的《大观茶论》、蔡襄的《茶录》、熊蕃的《宣和北苑贡茶录》等等。

（五）设置了茶马司

宋代开始在朝廷设茶马司，专门负责以茶叶交换周边各少数民族马匹的工作。由于马匹是重要的战备物资，设置了茶马司便于朝廷控制各少数民族地区，同时，茶马贸易也促进了对少数民族的文化推广，特别是茶文化的推广，并由此逐步产生了专供少数民族地区的茶叶——黑茶。

五、元代茶文化

元代，蒙古族统治了汉族，但保留了团茶，也保留了宋代遗留的官焙茶园，末茶、点茶饮茶法也同样保留了下来。

元代不仅是中华民族形成与发展的重要时期，也是中华茶文化发展的重要时期。元代，中华茶文化仍然得以缓慢发展，并且因为元代特殊的时代背景与民族因素，当时的中华茶文化不仅进一步在各地区、各民族、各阶层普及，而且广泛吸收各方面积极因素，呈现出许多新的特点，见证与促进了各民族的交流与融合。

散茶是元代社会越来越重要的角色，王祯《农书》中记载的其实正是蒸青绿茶。与之相应的茶器应运而生，即元代瓷器的代表——青花瓷。其特征是施自然釉，产生的青花极有魅力，而釉药所含的钴，在发扬茶性上具有留香藏韵的效果。青花小茶盏带着盏托，耀眼迷人，传达了它在中国茶器史上承前启后的重要性，它的茶托诉说着宋代吃茶的雅趣与精致绝伦，它的盏缩小了，开启了明代以后散茶用杯的先河。

末茶和散茶在元代呈现双元激荡的局面，事实上丰富了中国古代茶文化的内容，尤其是以青花瓷器为代表的散茶品饮方式，对后世饮茶产生了深远影响。

六、明代茶文化

明代是中国茶道因袭与创新相融合，茶道的新理念、新规范异彩纷呈的时代，是古代传统茶学发展的又一高峰时期，同时也是现代中国茶道的萌芽时期。

（一）制茶工艺的变革

在明朝之前，我国生产的茶类按照产品形态主要分为饼茶（片茶）与散茶（芽茶）两大类。明代以前以片茶为主，宋元两代所贡的龙团凤饼皆为片茶。

明朝初期，改贡片茶为贡散茶。改贡散茶后，制茶的工艺必然随之变革，炒青绿茶、半发酵的乌龙茶（青茶）及全发酵的红茶在明朝末年相继创制成功，品茶的艺术也顺应茶形茶性的改变而发展。明代是我国现代茶艺和现代茶道的萌芽期。

(二)朱权的贡献

朱权(1378～1448年),明太祖朱元璋第十七子,自幼聪慧,十四岁被封为宁王,后因失意于王室内部斗争,在南昌构筑精庐,深自韬晦,精研史学,旁通释道,醉心茶道,撰写了《茶谱》。《茶谱》约两千字,分为茶谱序、品茶、收茶、点茶、熏香茶法、茶炉、茶灶、茶磨、茶碾、茶罗、茶架、茶匙、茶筅、茶瓯、茶瓶、煎汤法、品水等十六则。

朱权的茶艺表现为闲适、怡真、自然。朱权的茶道思想崇尚自然,注重意境,他在品茗时追求山之清幽,泉之清泠(líng,清凉),茶之清淡,心之清闲,器之清洁,侣之清高,这"六清"在品茗时自然地融为一体,形成一种内在的和谐美,使人在平静淡泊中去体悟"茶味人生"的玄妙,并获得回味无穷的美感。正因为这样,《茶谱》中追求的美学思想被后代茶人薪火相传。

(三)《茶谱》对茶道的发展

第一,创直接冲泡的"瀹(yuè)饮法",开千古茗饮之新宗。

朱权在《茶谱》序中批评了唐宋以来的研膏茶和龙团凤饼茶。他推崇茶"天趣悉备"的自然美,欣赏茶的自然形态和故有的色、香、味。在泡茶的方法上,他敢于摆脱圣贤倡导的延续了数百年的烦琐煎茶程序,首创了用开水直接冲茶的清饮之先河。

第二,创"探虚玄而参造化,清心神而出尘表"的品茗意境。

朱权在创新泡茶方法的同时,还刻意追求品茗的意境。他在《茶谱》中强调,品茗的"入境"应当是能"去绝尘境,栖神物外","不伍于世流,不污于时俗"的高雅之士。品茗的"环境"应当是"或会于泉石之间，或处于松竹之下，或对皓月清风，或坐明窗静牖”。品茗的“心境”应是“举白眼而望青天，汲清泉而烹活火。自谓与天语以扩心志之大，符水火以副内炼之功”。品茗的“意境”应当是“备味清甘而香，久而回味，能爽神之茶”，“用清白可爱之器”，燃有焰之活火，煎无妄沸之汤。因为只有这样，才能在品茗时“探虚玄而参造化，清心神而出尘表”，达到超然物外的品茗境界和饮茶明志的品茗目的。

第三，改进了茶具和茶艺。

朱权为适应自创的简易新颖的烹饮方法，对陆羽提倡的“二十四器”进行了精简，只保留下必不可少的茶具，并加以改造。例如“茶磨古以金银铜铁为之，皆能锈，今以青礞石最佳”。茶架“古人多用木，雕镂藻饰，尚于华丽”，而朱权以斑竹、紫竹为之，最轻。茶匙古人以黄金为上，朱权则以椰壳为之。对于品茗的程序，朱权在大量精简的同时，增加了品茗前设案焚香，表示能通灵天地，融入超凡的理想。朱权认为：“茶之为物，可以助诗性而云山顿色，可以伏睡魔而天地忘形，可以陪清谈而万象惊寒。茶之功大矣。”

（四）明代茶具的变化

随着冲泡散茶的兴起，明代茶具也因饮茶方式的改变而发生了相对应的改变，茶具中出现了茶壶，直接在茶盏或瓷壶或紫砂壶中泡茶成为时尚。在釉色、造型、品种等方面也产生了一系列变化。

一方面是传统陶瓷茶器的革新。由于白色瓷器最能衬托出茶汤的色泽，茶盏的釉色也由原来的黑色转为白色，摒弃了宋代的黑釉盏。明代以壶泡茶，以杯盏盛之，杯盏的式样也进行革新，将元代接近垂直的足部改为外撇足，增加了稳定感。除高足杯外，小巧玲珑的各式青花小杯也成为茶人喜爱的品饮器。

明代宜兴紫砂壶异军突起，蔚为时尚。紫砂壶以江苏宜兴产的品质独特的陶土烧制而成，土质细腻，含铁量高，具有透气不透水的特性，最能保持和发挥茶的色、香、味。加之紫砂壶造型精美，色泽古朴，经过民间艺术家和文人墨客的改进、创新，融汇了文学、书法、绘画、篆刻等多种艺术，具有很大的收藏价值。从明代至今，紫砂艺术不曾间断地发展，名家辈出。紫砂壶的制造是明代对茶文化史乃至整个中国文化史的重大贡献。

同时由于瀹饮对茶汤色、香、味的追求，刺激了白瓷以及青花瓷的发展。

在泡茶前，明代茶人讲究洗烫茶具，提高壶和杯的温度。在正式开汤之前，要“先以热汤洗茶，去其尘垢冷气，烹之则美。”

关于出汤的时间，明代茶人也有明确的论述。张源《茶录》云：“稍俟茶水冲和，然后分酾布饮。酾不宜早，饮不宜迟。早则茶神未发，迟则妙馥先消。”酾即滤、斟之意。出汤太早，茶味寡淡，茶气不足；品饮太迟，则香气散失。茶的最佳风味只在稍纵即逝的一瞬间。

七、清代茶文化

清朝处于我国封建社会末期，其茶文化不仅具有继承和发扬前代的特征，也具有近代化的特征。

清代茶文化较之前代，得到了长足的发展，其茶叶的栽培和制作技术不断提高，使得茶叶的种类繁多，而且清代的品饮方法也得到创新，新的饮茶器具也不断涌现。到了清代，传统的六大茶类如绿茶、红茶、乌龙茶、白茶、黄茶、黑茶已全部形成，茶叶的内销及外销都达到历史最高水平，各地茶馆林立，民间喝茶更加普遍，茶真正走向世俗化。

清代饮茶习俗与明代无异，因此茶具基本上是明代的延续和发展。清代景德镇瓷窑在明代基础上进行了改革和创新，除了生产传统的青花、素三彩、釉里红、斗彩等瓷器外，还开创了粉彩、珐琅彩等新品种。特别是乾隆一朝，新创了集各种工艺于一体的陶瓷，并能生产仿木纹釉、仿石纹、仿青铜彩、仿绿松石釉的瓷器，把中国陶瓷工艺推向历史的新高峰。康熙、雍正、乾隆三朝皇帝都喜饮茶，曾在宫中多次举行茶宴，宴请文武百官，场面宏大，景德镇瓷窑因此生产了大量茶具来满足宫廷饮茶的需要。

宫廷饮茶讲究排场，而民间饮茶率性随意，茶具也多了几分野逸之气。清代民用陶瓷茶具的造型更加活泼，纹饰更加生动。各地由于饮茶习俗不一，而形成了颇有地方特色的茶具。蒙古族、藏族地区喜欢奶茶、酥油茶，其地流行瘿木奶茶碗、鎏金银质茶具。而闽、粤潮汕一带则善烹功夫茶，喝功夫茶有专门的茶具，称之为“潮汕四宝”——风炉、玉书煨、孟臣罐、若琛瓯。

紫砂茶具仍是清代茶具的重要分支，经过明代的初步繁荣，清代紫砂茶具又一次迎来了新的创作高峰。如果说明代紫砂壶尚嫌粗朴的话，那么清代紫砂制作工艺则大大提高，其泥料细腻，制作规整，出现了像陈鸣远这样的大名家。嘉庆、道光年间以后，文人雅士相继加入制壶工艺，使紫砂茶具的人文内涵大大提高。“西泠八家”之一的陈鸿寿与一代名手杨彭年合作的曼生壶成为文人壶的典范。此外，郭频迦、朱坚、瞿应绍、梅调鼎等文人也纷纷加入紫砂茗壶创作行列，他们以紫砂为载体，发挥其诗、书、画、印之才情，为后人留下了不少精美绝伦的紫砂艺术品。

从茶具形制上讲，除茶壶和茶杯以外，盖碗是清代茶具的一大特色，盖碗一般由盖、碗及托三部分组成，象征着“天地人”三才，反映了中国人器用之道的哲学观。盖碗的作用之一是防止灰尘落入碗内，起了有效的防尘作用；其二是防烫手，碗下的托可承盏，喝茶时可手托茶盏，避免手被烫伤。

清代茶具的多样化还体现在茶托形状的变化上，茶托最早出现在两晋南北朝时期，从出土的青瓷盏托可见南朝时越窑就已生产茶托了。清代的茶托品种丰富，花样繁多，有的因制成船形，称之为茶船，还有十字形、花瓣形、如意形等等。

第三章　茶树的特性、品种与分布

茶叶是由生长在茶树上的叶子加工制作而成，茶树的生态特征、生态环境对茶叶的品质具有根本性的影响。了解茶树，有助于我们更好地品鉴茶叶的不同品质和风格。

一、茶树的起源与传播

茶树是一种多年生的木本常绿植物。

人类发现和利用茶树，最早是采自野生，以做药用。若按照《神农本草经》中的记载推算，在中国，茶的利用已有五六千年的历史了。

随着茶从药用发展为饮用，野生茶树已不能满足需要，人们或采茶籽，或掘取野生茶苗进行栽培、种植。根据史料记载，人工栽培茶树已有三千多年的历史了。

茶树在中国的传播，首先从四川传入陕西、甘肃一带，但由于自然条件的限制，不能大量栽培。秦汉以后，中国统一，随着经济、文化的交流日渐增多，茶树由四川传到长江中下游一带，由于地理气候上的有利条件，逐渐取代了巴蜀在茶业上的中心地位。

到了唐宋时期，茶叶已成为日常不可缺少的物品。茶叶产区遍及四川、陕西、湖南、湖北、福建、江苏、浙江、安徽、河南、广东、广西、云南、贵州等14个省区，几乎与近代茶区相当，达到了有史以来的兴盛阶段，茶作为一种产业逐渐普及、发展起来。

茶树种植技术传播到国外的，最早是朝鲜和日本。6世纪下半叶，随着佛教僧侣的相互往来，茶叶首先传入朝鲜半岛，而日本则在公元805年才开始种植茶树。日本僧人最澄和尚来中国浙江天台山学佛，回国时携带茶籽种于日本滋贺县，这是中国茶种传向日本的最早记载。

1684年德国人由日本输入茶籽在印尼的爪哇试种，没有成功。又于1731年从中国输入大批茶籽，种在爪哇和苏门答腊，自此茶叶生产在印尼开始发展起来。

印度于1788年由中国首次输入茶籽，但种植失败。1834年以后，英国人开始从中国输入茶籽，雇用熟练工人，在印度大规模发展茶叶种植。之后，又相继在斯里兰卡、孟加拉等国发展茶场。

19世纪50年代，英国利用其殖民政策，在非洲的肯尼亚、坦桑尼亚、乌干达等国开始种茶，至20世纪初，茶业在非洲已具有相当规模。

二、茶树的树龄与茶品

茶苗种植三年以后方可采摘，太早采摘将影响以后的收成，茶树枝芽被采摘后，会从侧腋再行长出新芽，就是下次采摘的对象。为使采摘面整齐，而且控制茶树高度，每季采摘后会修剪采摘面。

如此一次又一次的采摘与修剪，枝芽长得愈来愈密，叶子长得愈来愈小，品质就会下降，这时补救的办法就是从根部离地不远的地方如大约二十公分给予砍除，即所谓台刈(yì)，使茶树从基部重新长出新枝，这样就有如新种的茶树一般，又可采收好长的一个周期。茶树从种植到十年左右可达盛产期，待产量衰退后可用台刈让其恢复，几次后茶树若已老化，就得挖掉重新种植。

一般来说，树龄与茶青品质并没有绝对的关系，只要树势强壮，茶青的品质就佳。一般所说的"年轻茶树品质较佳"是基于两个观点而言:一是年轻的茶树，其土地的地力一般说来较佳，新开垦的土地不说，即使更新后的茶园也会深耕翻土，并施予基肥，茶青品质当然不错。二是指修剪成矮树丛型的茶园，一次又一次的采收与修剪，枝芽长得愈来愈密愈细，品质相对地降低，若是不加修剪的茶树，或是修剪次数还不是很多的情况，加上土壤照顾得宜，是不会有"只有年轻才好"的现象的。

在照顾得当的情况之下，茶树长得成熟些(如五至八年后)，其茶青制成的茶更能显现其品种的特性。自然成长下的茶树是可以活上数百年的，千年以上的茶树仍然可以见到。

采收一段时间后，应该给茶树补充养分，这时若只是施用化学肥料，慢慢地茶青的品质就会下降，即使叶子长得肥大，但内质并不佳，应该施以较接近自然生态的有机肥料，而且避免使用杀草剂，这样才能持续地力，保持茶青的品质，也才能够延长茶树的采青年限。

三、茶树的品种与分布

茶树经过世世代代的繁衍和广泛的传播，经受着多种多样的生态条件和生产条件的长期影响，以及人工驯化和选择的作用，形成了十分丰富的品种资源。随着生产的发展、茶类的创新，以及人们的辛勤培育，茶树品种更是层出不穷。

目前已发掘的茶树地方品种或类型，有五百余种。近二十年来，全国各有关单位选育出的茶树新品种、品系，据不完全统计，也有一百余种。在西南、东南茶区，还蕴藏着许多性状奇特的野生大茶树和茶种的近缘植物。通过调查、整理和初步研究，基本上掌握了我国主要茶树品种资源分布情况，对主要栽培品种的性状和特性，也有了基本了解。在已有性状资料的品种中，如按树型分类，灌木型品种占 74%，小乔木型品种占 10%，乔木型品种占 16%；如按叶片大小分类，特大叶类品种占 13%，大叶类品种占 25%，中叶类品种占 44%，小叶类品种占 18%。

我国茶区主要分布于北纬 33 度以南、东经 98 度以东，在这个大约 280 万平方公里的近似长方形地带，由西南往东北，茶树品种的分布，由高大的乔木逐渐演变为灌木，植株矮化，叶片渐小而厚，栅栏组织加厚，多酚类物质渐减。云南、贵州、四川一带，早期从野生茶树驯化为栽培种的一些古老类型，仍然保持着乔木性状和特性，除了生态条件影响外，与人们栽培利用方式也有关系。古老的云南大叶种、苦茶、大树茶的种植区，由于采取林下种植，不修剪，攀枝折采，以至茶成大树，枝叶粗大。

乔木类型的茶树品种，多分布于西南和华南茶区。乔木型最突出的茶树品种资源云南大叶种，随着近代的利用和推广，不仅在云南省西南部大面积种植，而且分布到广东、广西以及四川、贵州、湖南、福建、江西、浙江南部。经多年引种实践，除四川盆地外，云南大叶种在北纬 25 度以南茶区推广，较有成效。

小乔木类型的茶树品种，较集中分布于福建、广东、广西、湖南、江西等地。随着茶树良种的推广，这类茶树品种的分布不断扩大。例如，著名的福鼎大白茶，几乎在全国茶区都有分布。

灌木类型的茶品种，主要分布于我国茶区的中部、东部和北部，其中著名的祁门种、鸠坑种、湄潭苔茶等，也有较大范围的分布。这类茶树品种资源适应性强，受温度、湿度和地势等生态条件约束性较小，地理分布区较为广泛。

除了丰富多彩的茶树品种外，野生大茶树和茶种近缘野生植物，分布也很广，在西南、华南甚至华东地区都有发掘，如著名的云南南糯山大茶树、大黑山大茶树、贵州赤水大茶树、四川宜宾大茶树等。这些野生茶树资源的发掘，为进一步研究茶树起源、进化和选育新品种，提供了宝贵的材料。

有些茶树品种的叶子特别大，大到像小婴儿的手掌，我们就称它为大叶种。相对地，有些茶树品种的叶子比较小，就称为小叶种。

茶树依据叶片的大小，受品种、生育期、生态条件以及农艺措施的影响，一般成熟老叶若叶长 10～14 厘米，叶宽 4～5 厘米的为大叶种；若叶长 7～10 厘米，叶宽 3～4 厘米的为中叶种；若叶长 7 厘米以下，叶宽 3 厘米以下的为小叶种；如果叶长在 14 厘米以上，叶宽5厘米以上，则称为特大叶种。一般情况下，特大叶种和小叶种极少，小叶种通常混杂在中叶种之中，因此，从制茶的角度，往往只分为大叶种和中小叶种两个类型。一般来说，普洱茶是用大叶种制成的，红茶也多是用大叶种制成的，绿茶多是用中小叶种制成的。

四、茶树的组成与作用

茶树植株是由根、茎、叶、花、果和种子等器官构成。根、茎和叶是营养器官；花、果和种子为生殖器官。根系称为地下部分，其他则称为地上部分，亦称为树冠。根茎是地上下部的交接处，它是茶树各器官中比较活跃的部分。茶树形态特征是茶树在形态结构上的特点和有关性状，尽管茶树的外部形态受生态环境条件的影响，在系统发育过程中会发生变异，但其种性遗传、形态特征及其解剖结构等仍具共同之处。茶树的各个器官是有机的统一整体，彼此之间密切联系，互相依存。

（一）茶树的根

茶树的根由主根、侧根、细根、根毛组成，为轴状根系。主根由种子的胚根发育而成，在垂直向土壤下生长的过程中，分生出侧根和细根，细根上生出根毛。主根和侧根构成根系的骨干，寿命较长，有固定、输导、储藏等作用。细根和根毛统称吸收根，寿命较短，不断更新。

茶树的根系在幼年期主根发达，侧根不多，主要向土壤深层发展；约三年生以后，至成年期，根系逐渐向广度发展，根幅可达1米以上；至衰老期后，根系由外向内逐步死亡。

根系的分布除受树龄影响外，还因土壤条件、品种、栽培方式等的影响而有一定差异。根系的生长有向水、肥、阻力小的方向生长的特点。

(二)茶树的茎

茶树的茎，按其作用可分主干、主轴、骨干枝、细枝。分枝以下的部分称为主干，分枝以上的部分称为主轴。主干是区别茶树类型的重要根据之一。

茶树的分枝分为单轴分枝和合轴分枝。幼年期的茶树，是单轴分枝，主茎生长旺盛，形成明显的直立主枝。成年期茶树，主枝到达一定高度后，生长即缓慢，侧枝迅速产生，使分枝层次增加，形成合轴分枝，树冠成为披张状。而及时的修剪，可以控制主茎向上的生长态势，达到树冠展开状态。

在茶树的茎上有生叶和芽的地方叫节，两叶之间的一段叫节间，叶脱落后留有叶痕；芽又分叶芽和花芽，叶芽展开后形成的枝叶称新梢。新梢展叶后，分一芽一叶梢，一芽二叶梢，摘下后即是制茶用的鲜叶原料。

茶树的枝茎有很强的繁殖能力，将枝条剪下一段插入土中，在适宜的条件下即可生成新的植株。

(三)茶树的叶

茶树的叶片，是制作茶叶的原料，也是茶树进行呼吸、蒸腾和光合作用的主要器官。

茶树的叶由叶片和叶柄组成，没有托叶，属于不完全叶。在枝条上为单叶互生，出生的状态因品种而不同，有直立状、半直立状、水平状、下垂状四种。叶面有革质，较平滑，有光泽；叶背无革质，较粗糙，有气孔，是茶树交换体内外气体的通道。

茶树叶片的大小、色泽、厚度和形态，因品种、季节、树龄及农业技术措施等的不同有显著差异。叶片形状有椭圆形、卵形、长椭圆形、倒卵形、圆形等，以椭圆形和卵形为最多。成熟叶片的边缘上有锯齿，一般为16～32对；叶片的叶尖有急尖、渐尖、钝尖和圆尖之分，叶片的大小，长的可达20厘米，短的5厘米，宽的可达8厘米，窄的仅2厘米。

以成熟叶为例，茶树叶片的叶脉呈网状，有明显的主脉，由主脉分出侧脉，侧脉又分出细脉；侧脉与主脉呈45°角向叶缘延伸，到叶缘三分之二处，呈弧形向上弯曲，并与上一侧脉连接，组成一个闭合的网状输导系统，这是茶树叶片的重要特征之一。

茶树叶片上的茸毛，即一般常指的“毫”，也是它的主要特征。茶树的嫩叶背面生着茸毛，是鲜叶细嫩、品质优良的标志，茸毛越多，表示叶片越嫩。一般从嫩芽、幼叶到嫩叶，茸毛逐渐减少，到第四叶叶片的成熟叶，茸毛便已不见了。

(四)茶树的花

花是茶树的生殖器官之一。茶花可分为花托、花萼、花瓣、雄蕊、雌蕊五个部分，属于完全花。茶花为两性花，多为白色，少数呈淡黄或粉红色，稍微有些芳香。茶花的花瓣通常为5～7瓣，呈倒卵形，基部相连，大小因品种不同而不同。

茶花由授粉至果实成熟，大约需一年零四个月。在这一期间，仍不断产生新的花芽，继续开花、授粉，产生新的果实，同时进行花与果的形成，这也是茶树的一大特征。

（五）茶树的果实与种子

茶树的果实是茶树进行繁殖的主要器官。果实包括果壳、种子两部分，属于植物学中的宿萼蒴果类型。

果实的形状，因发育籽粒的数目不同而异，一般一粒者为圆形，两粒者近长椭圆形，三粒者近三角形，四粒者近正方形，五粒者近梅花形。果壳幼时为绿色，成熟后变为褐色。果壳起到保护种子发育和帮助种子传播的作用，质地较坚硬，成熟后会裂开，种子落于地面。

茶树种子多为褐色，也有少数黑色、黑褐色，大小因品种不同而异，结构可分为外种皮、内种皮与种胚三部分。辨别茶籽质量的标准是：外壳硬脆，至棕褐色，在正常采收和保管下，发芽率在85％左右。

五、茶树的生长条件

茶叶品质受茶树生长环境影响很大，适合高品质茶叶生长的地方容易生产好茶，不适合高品质茶叶生长的地方就不容易生产好茶，一般说来，茶树的适生条件是长期对环境适应的结果，适应条件主要是指阳光、温度、水分、空气和土壤等条件的综合。日照时间长、光度强时，茶树生长迅速，发育健全，不易患虫害病，且叶中多酚类化合物含量增加，适于制造红茶。反之，茶叶受日光照射少，则茶质薄，不易硬化，叶色富有光泽，叶绿质细，多酚类化合物少，适制绿茶。光带中的紫外线对于提高茶汤的水色及香气有一定影响。

茶树生长需要年降水量在 1 500 毫米左右，且分布均匀，朝晚有雾，相对湿度保持在 85%左右的地区，较有利于茶芽发育及茶叶品质。若长期干旱或湿度过高均不适于茶树生长栽培。

茶树适宜在土质疏松、土层深厚、排水、透气良好的微酸性土壤中生长。虽在不同种类的土壤中都可生长，但以酸碱度(pH 值)在 4.5～5.5 为最佳。茶树要求土层深厚，至少 1 米以上，其根系才能发育和发展，若有黏土层、硬盘层或地下水位高，都不适宜种茶。石砾含量不超过 10%，且含有丰富的有机质的土壤是较理想的茶园土壤。

六、高山名山出好茶

高山所受辐射的紫外线较平地多，且气温低，霜日多，生长期短，所以高山茶树矮小，叶片亦小，茸毛发达，叶片中含氮化合物和芳香物质增加，故高山茶香气优于平地茶。但是海拔并非没有限制，当海拔过高时，温度降低、积温减少、生育期长、生长期缩短、冻害严重，对采收量和品质反而不利。以中国南方为例，海拔 800～1 200 米的高度是最适宜形成高品质茶叶的生长环境。

高山茶园的日照、气温及空气的相对湿度会随着海拔高度的升高产生明显的变化，一般海拔高度每上升 100 米气温就会降低 0.5℃。当山区海拔达到一定高度时，雨量充沛、云雾多、空气中相对湿度大、漫射光强、昼夜温差大，这些对茶树生长及茶叶品质都是有利的，因此高山茶的品质是芽叶肥壮，滋味鲜爽，香气馥郁，经久耐泡。

名山是指地理环境优越，适宜茶树生长，且往往有着悠久产茶历史的知名山川及其附近的茶区。如名茶中的黄山毛峰、武夷岩茶、庐山云雾、峨眉竹叶青等都是名山出的好茶。

名山地区的茶园往往具有相对低温、高湿度和多云雾、昼夜温差大的气候特征，促使茶叶形成优异品质。相对低温环境中茶叶生长缓慢，有利于维持新梢组织中高浓度的可溶含氮化合物，适宜氨基酸和香气物质的形成；多云雾和高湿度，不仅能抑制纤维素的合成，保持芽叶柔嫩，而且使照射茶园的太阳散射光和蓝紫光增多，有利于芳香物质的形成；较大的昼夜温差又有利于光合产物的积累，使蛋白质、氨基酸和维生素的含量增加。

七、茶树品种的适制性

茶树品种很多，常见的有四五十种，理论上是各种品都可制成各类茶，只要制造的方法不同即可。不过，什么品种比较适宜制造成哪一类茶是有经验可供参考的。有些品种的特质非常明显，就特别为它制作成一种茶，且以茶树品种的名称作为成品茶的商品名称，如铁观音、水仙、佛手等。

所以说，不同的茶树品种，有的适合制作绿茶，有的适合制作红茶，还有的适合制作乌龙茶，茶树品种这种适合加工某种茶类的特性，我们称之为茶树品种的适制性。

一般情况下，大叶种茶树适制红茶，而小叶种茶树适制绿茶。大叶种茶树品种多酚类、咖啡因含量高，中小叶种茶树多酚类、咖啡因等含量相对较低，而蛋白质、氨基酸等含量较高。因而大叶种品种鲜叶制成红茶，滋味浓强鲜爽，制成绿茶则往往滋味苦涩；小叶种鲜叶制成红茶滋味达不到浓强的要求，但制成绿茶滋味鲜爽醇厚，品质较好。但有时也有一些例外，如祁门红茶、小种红茶都是由小叶种制作的，仍然能有优秀的表现；云南大叶种制作成晒青茶，滋味也醇厚，且耐冲泡。

茶树品种的适制性有一定的规律。一般而言，茶树嫩芽茸毛较多的，比较适合加工成显毫的茶叶，如碧螺春、蒙顶甘露等。茶树叶尖较尖削的，比较适合加工成针形茶，如南京雨花茶、安化松针等；而叶尖钝圆、叶形椭圆者较适合加工成扁形茶，如龙井、大方；叶形椭圆、节间短、叶质较硬脆的比较适合加工成青茶。茶树芽叶色泽嫩绿，往往是氨基酸含量较高的表现，比较适合加工成绿茶；而叶色黄绿、杏黄的，是茶多酚类物质含量高的表现，较适合加工成红茶。这些特性是由茶树品种的性状决定的，因此认识茶树品种的适制性，结合精湛的加工技术，是获得优良茶叶品质的关键。

第四章　茶叶的制作工艺

毛茶经过加工而成精制茶，也就是成品，这才是我们所谓的“茶叶”。

一、茶叶的制作过程

茶树的品种在中国有500多种，而生产出来的茶叶有一千五百多样。茶是采摘茶树新长出来的芽或叶作为原料制造而成，茶树上长着的叶子（或芽）叫作生叶，从茶树上采下来的叶子叫鲜叶，也叫茶青。鲜叶经过制茶工序“萎凋”、“发酵”、“杀青”、“揉捻”与“干燥”而成毛茶，也就是半成品。毛茶经过加工而成精制茶，也就是成品，这才是我们所谓的“茶叶”。

茶青摘下来之后，首先要让它消失一些水分，称为萎凋。然后就是发酵，发酵是茶青和空气接触产生氧化的作用，它与一般的发酵是不同的，其实是叶子的“渥红”作用。

茶青“渥红”的过程，是影响茶叶品质的关键。茶青的发酵并不是用触酶来发酵，而是经过萎凋的茶青，其本身所含的成分和空气中的氧产生变化作用而来。经过发酵后的茶叶会从原来的碧绿色逐渐变红，发酵程度越深，颜色越红。

当茶青发酵到人们需要的程度时,用高温把茶青炒熟或煮蒸熟,从而停止茶青继续发酵,这个过程叫杀青。

杀青之后就进入揉捻的步骤。揉捻可以揉出所需要的茶叶形状,同时把叶细胞揉破,使得茶叶所含的成分在冲泡时容易溶入茶汤中。干茶的外形有条索形、半球形、全球形和碎片状这几种。一般说来,干茶的外形越是紧结就越耐泡。在冲泡的时候,为了使茶香完全溶出,应该用温度高一点的水冲泡。

揉捻成形之后要做干燥处理。干燥的目的是要将茶叶的形状固定,并且有利于保存使之不容易变坏。经过这些步骤制造出来的茶叶就是初制茶叶了,也称为毛茶。另外,有些茶可以省略一些步骤,有些茶需要增加一些特殊的过程。

· 绿茶

制作时不经过任何发酵过程,采摘后直接杀青、揉捻、干燥而成。

· 黄茶

制作方式近似绿茶,但过程中经过闷黄,茶叶与茶汤的颜色呈黄色。

· 白茶

把叶片采摘下来后只经过轻微的、约 10%~30%程度的发酵,不经过任何炒青或揉捻动作,便直接晒干或烘干。

· 青茶

又称乌龙茶。发酵度约为 20%~60%,是介于绿茶与红茶之间的半发酵茶。

· 红茶

制作过程不经杀青，而是直接萎凋、揉捻，然后进行完全发酵，使茶叶中所含的茶多酚氧化成为茶红素，因而形成红茶所特有的暗红色茶叶、红色茶汤。

· 黑茶

属后发酵茶。制造上是在杀青、揉捻、晒干后，再经过堆积存放的过程（称为"渥堆"），使之产生再次发酵，故而茶叶与茶汤颜色更深、滋味也更浓郁厚实。

二、茶青采摘

茶树的新梢生长到可以采摘的标准时，即可及时采摘，采下的芽叶为制茶的原料。

采摘分人工采摘和机械采摘两种，人工采量比机械少，成本高，价格也较昂贵。然而，人工采茶选择性较大，叶片也较完整；机械采茶成本较低，但是茶叶无选择性，茶梗、老叶、嫩叶混合在一起。由于成本的不同，售价也不同。人工采茶用手折还是用小刀切，制作出来的茶的品质是有些差异的，大量制作茶叶时，采用机械采摘能稳定茶叶的质量。茶叶产量的高低，品质的优劣，一定程度上是由采摘决定的。所以，如何采摘是茶叶生产的重要环节。

采茶的时间会因为茶叶的出产地域和品种而各不相同。

（一）季　节

季节对茶青的品质影响很大，俗话说："春茶香，夏茶涩，秋茶甜却滋味淡。"阳历以 5 月底以前采制的为春茶，6 月初至 8 月上旬采制的为夏茶，8月中旬以后采制的为秋茶。

春茶由于经冬季营养的积累而内含物质丰富，且春季气温低，光照弱，茶氨酸不易分解，茶多酚合成少，有利于绿茶品质。全发酵红茶和部分发酵茶中发酵最重的白毫乌龙则以夏季采制的品质最佳；部分发酵茶之青茶以晚春采制的较容易制成香高味醇的佳品。

有些茶冬天采摘的才是极品，比方说台湾乌龙。这是因为冬茶产量较少，且这时的水分较少，香气常有极佳的表现。

但应该在春天采制的茶，如绿茶等不发酵茶，如清茶、冻顶、铁观音等轻中度发酵茶，若于夏季采制，品质就会降得很多，价格也不及春茶的一半；应该在夏天采制的茶，如白毫乌龙、红茶等重发酵、全发酵的茶，若在其他季节采制，品质与价格也会相去甚远。

花茶的窨（xūn，同“熏”）制茶，一般都是到了夏天才会采摘的，这就可以使茶叶在反复的窨制过程中保持最佳的吸收味道的能力，还可以令茶形完整。

（二）时辰与气候

一般采茶的时间都是选择在清晨完成，这时是湿度最大而又凉爽的时间，可以在堆放茶叶时令茶不发酵、不萎缩，在炒制前将儿茶素最大限度地保护好，令鲜味不会消失。太早采，露水未干，不好，尤其是炒青的茶类；蒸青的绿茶则较无妨。黄昏以后采收的茶青也不好，因为已没有足够的阳光与温度进行萎凋与发酵，但这点在不发酵茶上影响较小。

一般不能在下雨天及阴天采茶，否则将很难形成甘醇之味及香气。连续的阴雨，茶青含水量大，不容易制成好茶。湿度太高，水分蒸发太慢，萎凋时容易造成“积水”；湿度太低，水分蒸发太快，萎凋时容易造成“失水”。

(三)采摘“芽”还是采摘“叶”

名贵茶类的采摘标准，要求原料细嫩匀净，只采初萌的壮芽或初展的芽一两个叶。以嫩“芽”为主制成的茶，其茶性比较细致，以嫩“叶”为主制成的茶，其茶性比较粗犷。

边销茶(又叫边茶，因是一种专供边疆少数民族饮用的特种茶而得名，属黑茶类，多为紧压茶，少量散茶)对原料嫩度要求较低，主要采用粗大的叶片，一芽四五叶或对夹三四叶均可。

“叶茶类”的茶青是等茶树这季的新枝长熟，顶芽已开面成叶片，新芽不再继续抽长之时，采下刚刚开面的二叶或三叶。最新开面的芽心会与前面一片新叶成“对口”的样子，所以茶青这时的状况被称为“对口二叶”，如果第三叶还没有变老，可以多采一叶，就称为“对口三叶”。开面叶的茶青比较容易制成带花香的茶，但滋味会嫌薄，所以最好掺杂20%～30%的带芽茶青，也就是在这片茶园的新枝尚未全部长熟之时就要开采。

“芽心”也称为“芽尖”，会多少带有茸毛，也会因品种的关系带有或多或少的茸毛，这些茸毛在“成茶”上会显现出来，称为“白毫”，所以只要看到茶名冠有“白毫”或“毛峰”者，如“白毫银针”、“白毫乌龙”、“黄山毛峰”等就表示这种茶很强调白毫，它一定选用茸毛较多的品种，而且制造过程中尽量让白毫显现。也有些芽茶不强调白毫，制造过程中将茸毛压实，就成了所谓的“毫隐”，如西湖的“龙井茶”。

三、萎　凋

茶青从茶树上采摘下来后，如果要制造“不发酵茶”（如绿茶），则直接进行“杀青”（即所谓“下锅”），如果要制造“部分发酵茶”（如乌龙茶）或“全发酵茶”（如红茶），则进行“萎凋”。

要制造发酵茶的茶青必须先进行萎凋，刚采摘下来的鲜叶水分含量高达75%～80%，萎凋主要目的在于减少鲜叶与枝梗的含水量，因为只有让茶青消失一部分水分，空气中的氧才能与叶胞内的成分起化学变化，这化学变化就是所谓的“发酵”，是发酵茶很重要的制造过程。

萎凋需要适宜的温度、湿度和空气流通等条件。传统的萎凋方法有日光萎凋（日晒）、室内自然萎凋（摊晾）以及兼用上述两种方法的复式萎凋，现在也采用人工控制的半机械化萎凋设备——萎凋槽。我国白茶、红茶、青茶等茶类制作中的第一道工序都是萎凋，但程度各不相同。白茶萎凋程度最重，鲜叶含水量要求降至40%以下，红茶萎凋程度次重，含水量降至60%左右，青茶萎凋程度最轻，要求含水量在60%～70%之间。

萎凋过程中，鲜叶发生一系列变化：水分减少，叶片由脆硬变得柔软，便于揉捻成条；叶中所含酶类物质的活性增强，促使淀粉、蛋白质、不溶性原果胶等鲜叶成分发生分解、转化，生成葡萄糖、氨基酸、可溶性果胶等有利于成茶品质的有效物质，多酚类物质也程度不同地氧化。正常而有效的萎凋，使鲜叶的青草气消退而产生清香，并有水果香或花香，成茶滋味醇而不苦涩。

在萎凋的前半段，搅拌的主要目的是促使水分散发，到了后半段，搅拌的时间与力量都会加大，借着叶子与叶子间的相互摩擦，带动氧化（即发酵）的进行。所以搅拌又称为“浪青”。

水分的散发从叶子的表面是可以看得出来的，水分散失到哪里，叶面的光泽就会消失到哪里，开始时是叶尖与外缘先消失光泽，接着是靠近叶尖的前半部，最后是叶基与叶柄的地方。萎凋在先，等到各部分的细胞都消失了所需的水分，只要强力搅拌，并堆厚静置，就会发酵得很快，所以有所谓的“轻萎凋轻发酵”（如台湾包种茶）、“中萎凋中发酵”（如铁观音）、“重萎凋重发酵”（如白毫乌龙）、“重萎凋轻发酵”（如白茶类）、“重萎凋全发酵”（如红茶）等各种做法。

萎凋与发酵是造成茶叶不同风味很重要的两项步骤，其中的日光萎凋尚可造就较为高亢的香气，“部分发酵茶”都以制出“高香”为傲，所以日光萎凋成了这类茶必经且重要的过程，但全发酵的红茶不同，一般不经日光萎凋，茶青直接室内萎凋，且是程度很高的萎凋。

萎凋与发酵是很花时间的，例如上午采回来的茶青，轻萎凋轻发酵者要制作到晚上九时左右，重萎凋重发酵者要制作到快天亮，重萎凋全发酵者若不是采用热风萎凋与提高湿度与温度的发酵方法，就要拖到第二天或第三天。而且茶青采收后必须连续制作到完成才能得到高品质的成茶，所以制茶是辛苦的，尤其是部分发酵茶。

萎凋过程中的水分散发确是在有秩序、且带有生机的情况之下进行的。水分沿着叶脉扩散，经由叶缘的水孔与叶面的气孔(大部分在叶底)蒸发。这与直接晒干不同，茶青必须在这样继续保持生机的状态之下，让茶青内的酶带动各种成分的氧化，如此茶叶的色、香、味才得以形成，若不小心将茶青晒干或阴干了，就成了“死叶”，是制不成什么让人喜欢的色、香、味的。

四、发 酵

茶的发酵通常有几种形式：酶促氧化(乌龙茶、红茶)、湿热氧化(黄茶)、菌类发酵(黑茶)和自然陈化，在制茶学上统称为“发酵”。

这里说到的酶促氧化是指茶的鲜叶在叶内所含活性酶的帮助下发生氧化的过程，氧化程度的不同是造成不同茶类的主要原因，我们约定俗成地称之为“发酵”。

发酵在一般茶上(除后发酵茶)是单纯的一种氧化作用，只要将茶青放在空气中即可。就茶青的每个细胞而言，要先萎凋才能引起发酵，但就整片叶子而言，是随萎凋而逐渐进行的，只是在萎凋的后段，加强搅拌与堆厚后会快速地进行。

发酵对茶青造成下列影响：

一是颜色的改变。未经发酵的茶叶是绿色的，发酵后就会往红色变，发酵愈多颜色变得愈红，叶子本身与泡出的茶汤颜色都是一样。所以我们只要看泡出茶汤的颜色是偏绿还是偏红，就可以知道该茶发酵的程度。若想制成最接近自然植物的风味，那就不要让茶青发酵，制造出来的茶就是绿色的茶、蔬菜香的茶，也就是市面上所称呼的绿茶。龙井、碧螺春等，不论是叶子本身或是泡出的茶汤都显得比较绿，那是不发酵；红茶则显得很红，那是全发酵。

二是香气的改变。未经发酵的茶，属菜香型，让其轻微发酵，如20%左右，就会变成花香型，如果发酵30%左右，那就会变成蜜黄色的茶汤、坚果香的茶、离植物原始风味稍远的茶，就是市面所说的铁观音、水仙、佛手之类。让其再重一点地发酵，如60%左右，会变成熟果香型。若让其全部发酵，则变成红茶的糖香型。

三是滋味的改变。发酵愈少的茶愈接近自然植物的风味，发酵愈多，离自然植物的风味愈远。如果让它全部发酵，那就是红色茶汤、糖香、最人工化风味的红茶了。

五、杀 青

杀青是绿茶、黄茶、普洱茶的初制工序之一。主要目的是通过高温破坏和钝化鲜叶中的氧化酶活性，抑制鲜叶中的茶多酚等的酶促氧化，蒸发鲜叶部分水分，使茶叶变软，便于揉捻成形，同时散发青臭味，促进良好香气的形成。

简单地说，杀青就是利用高温杀死叶细胞，抑制发酵，使茶叶保持固有的绿色，同时减少叶中水分，使叶片变软，便于进一步加工。方法有二：一是用炒，称为炒青。传统是用锅炒，现代化的用滚筒式杀青机。二是用蒸，称为蒸青，也就是用蒸汽将茶青蒸熟。蒸青时不计较茶青是否含有露水，采收后直接蒸青；炒青时则不然，一般会让茶青摊放一段时间，使水分稍微发散，尤其是含有露水或雨珠的茶青，晾青更是重要。我们平时喝到的茶绝大部分是用炒的，只有少部分绿茶才用蒸的，如煎茶、抹茶。炒青的茶比较香，但蒸青的茶比较绿。

普洱茶主要杀青方式分为锅炒杀青、滚筒式杀青。大型厂或一般台地茶多为滚筒式机器杀青，少数民族与野生野放茶则多为锅炒手工杀青。其他茶类杀青目的在于利用高温停止酵类酶继续作用，而普洱茶杀青则只是减缓其发酵速度并增加柔软度以利揉捻，以及去除青味。滇青茶杀青温度依鲜叶实际情形来判断温度与时间，通常锅内壁温度180°左右，锅外温度较高。

六、揉　捻

揉捻就是把杀青过的茶青拿来像揉面一般地揉，这时的茶青是熟了，虽然表面看来有点干，但里面还是湿的，所以揉捻时只要使力得当，是不会把茶青揉破、揉碎的，而且还会把里面的茶汁揉出来。茶汁只能揉出表面，不能让其流失，当茶汁外渗太多时，应稍松揉捻的压力，使汁回吸。

揉捻压力应掌握“轻、重、轻”的顺序，因为在最初的时候，茶叶还比较脆弱，茶汁还未曾破，未曾被揉捻出来，所以轻压，待中间时，茶汁出来，茶叶比较湿润，所以可以重压，最后茶叶基本成形，防止揉碎条形，要尽量轻揉。

揉捻有三大作用：

一是破叶细胞，使成分在浸泡时容易溶出。

二是使茶叶成紧实状，以利保存（若不揉捻，制成的茶叶就像晒干的落叶，手一抓就破，很难保存）。

三是利用揉捻的轻重，塑造茶叶不同的风味。揉捻轻者，茶性比较清扬，有如小提琴的风格，揉捻重者，茶性比较低沉，有如大提琴的风格。从揉捻的轻重常将茶叶分成轻揉捻、中揉捻与重揉捻三种类型，轻揉捻就是一般所说的“条状”，中揉捻就是一般所说的“半球”，重揉捻就是一般所说的“全球”。

七、干燥与覆火

干燥就是把茶青的水分蒸发掉。有些茶讲究颜色的翠绿，会选用低温干燥法，有些茶直接在锅子里炒到干，如传统的西湖龙井，杀青、揉捻、干燥都在锅内完成。有些茶在萎凋、发酵后直接烘干，如白茶类，它们是重萎凋轻发酵的茶，所以萎凋后不再专门揉捻，直接烘干。有些茶发酵完成后直接进行干燥，如红茶，因为揉捻已提前在发酵之前为之，待发酵到足够的程度就直接进干燥机烘干。有些茶的干燥会用阳光暴晒，如需后发酵的普洱茶，这种做法造成普洱茶特殊的风味。其他大部分的茶都是在揉捻完成后进行干燥，可用炭火干燥，也可用热风干燥，如碧螺春、冻顶、铁观音等。

茶叶放置一段时间后的再干燥称为“覆火”，茶叶长时间存放，受潮后的再干燥也称为“覆火”，目的只是在补行干燥，温度不能太高（不超过 90℃），否则茶性会被改变，而变成了“焙火”的效应。有些茶类的覆火不宜以高温的方式进行，如绿茶、白毫乌龙、红茶、后发酵普洱茶等，因为容易破坏该种茶原来的茶性。所以尽可能采取低温的干燥方式，如利用除湿机、干燥剂等。

八、渥堆与陈放

除了上述的那种纯氧化作用的发酵外，还有一类茶是先不氧化，待杀青后，揉捻，然后堆放，这时由于茶青还是湿的，就会发热，且引起微生物的生长，为茶青造成另外一种形式的发酵。汤色变得深红，滋味变得厚重醇和，干燥后就是所谓的“渥（wò，沾湿浸润）堆普洱”。

另一种普洱茶称为“陈放普洱”，那是在干燥完成后，放置于空气中，任其自然产生后氧化，数年后就成了陈放普洱。陈放普洱即市面常听到的青饼或青沱，渥堆普洱则常称为熟饼或熟沱。

“渥堆”与单纯的“存放”不同。所谓“渥堆”，是指一种制茶工序，当茶叶采收经过初制成为毛茶后，用人工的方法加速茶叶陈化的一种过程。一般而言，其方法是在毛茶上洒水，促进茶叶后发酵作用的进行，其间也有微生物参与发酵，待茶叶转化到一定的程度后，再摊开来晾干。经过渥堆后的茶叶，随着渥堆程度的差异，颜色已经由绿依次转为黄、栗红、栗黑。而“存放”所引起的后发酵较渥堆缓慢。在存放的过程中香气、滋味和汤色的转变缓慢而富于变化。

九、紧　压

紧压就是把制成的茶蒸软后加压成块状，这样的茶就被称为紧压茶，除便于运输、贮藏外，蒸、压、放的过程中也会为茶塑造出另一种老成、粗犷的风味。蒸，使茶再度受热受潮，增加黏度；压，利用茶叶本身的胶质使叶子紧密联结在一起，稳定了往后陈放期间受潮、陈化的速度；放，继续“紧压”前一些成分的降解与熟化，使茶质变得更醇厚。紧压茶的陈放年份是决定市价很重要的因素，当然陈放的条件也很重要。

紧压的形状有圆饼状，有方砖形，有碗状，有球状，有柱状……紧结程度也有所不同，有些紧压茶只要用手一剥就可以剥开，有些紧压茶就非得用工具不可。紧结的程度也会影响陈放的效果，紧结程度高者，后氧化的效应慢，茶性显得结实，紧结程度低者，后氧化的效应快，茶性显得豪放。

十、后加工

第一，“熏花”。“熏花”有人写成“窨花”。“花茶”也有人叫作“香片”。茶很会吸收别的气味，我们就利用它的这种特性，让它吸收我们喜欢的香气，如我们将茉莉花与之拌在一起，它就会吸收茉莉花的香而成茉莉花茶，将桂花与之拌在一起，它就会吸收桂花的香而成桂花茶。花要新鲜的花，而且是含苞待放的花，因为干了的花是不香的。但拌以新鲜的花，茶叶不是会受潮吗？所以在熏过花后还要“覆火”一次。那花干要不要筛掉呢？依花干是否尚有饮用上的效用而定，如茉莉花干已无滋味上的效用，可以筛掉，留一些在茶内只是点缀而已。桂花则不一样，干燥过的桂花尚有滋味上的效用，所以桂花茶是不筛掉桂花干的，而且冲泡时还要将桂花干平均掺入一些。熏花要熏多长时间呢？八小时左右。所谓的

“熏”只是将花与茶依一定比例(如20%)拌在一起而已,并未加热,但花与茶拌在一起后会发热,太热时还要翻拌一下使其散热。

熏花是可以多次进行的,因为如果只是熏一次,香气并未入里,冲泡一次、二次后就没有花香了。改善之道可以再熏制一次,也就是在“筛花”后,重新拌入另一批新鲜的花朵,再重复制作一次,这样制成的茶就称为“双熏花茶”,如果还嫌不够,还可以再重复熏制一次,那就是“三熏花茶”了。但大家得记住,我们是在喝茶,只是藉花衬托茶味而已,所以说“七分茶三分花。”

什么茶配什么花有没有一定准则?没有,但一般人会考虑“相不相配”的问题,如茉莉花与桂花,比较起来茉莉花较“年轻”,桂花较“成熟”,所以我们会用绿茶熏茉莉花,用冻顶或铁观音熏桂花。

第二,“焙火”。初制完成后,为了让茶叶成为更高级的商品,要拣去茶梗,然后再烘焙成为精制茶。茶叶制成之后用火慢慢地烘焙使得茶叶从清香转为浓香,这个过程称为焙火。造成茶叶特性不同的要素,除了发酵之外就是焙火,焙火和发酵对于茶叶所产生的结果不同。发酵影响茶汤颜色的深浅;焙火则关系到茶汤颜色的明亮度。焙火越重,茶汤颜色变得越暗,茶的味道也因此变得更老成。

生茶和熟茶都是由茶叶焙火的轻重决定的。焙火轻的茶,或未经焙火的茶在感觉上比较清凉,俗称为生茶。焙火较重的茶在感觉上比较温暖,俗称熟茶。焙火影响到茶叶的品质特性。焙火越重,则咖啡因与茶单宁(多酚类)挥发得越多,刺激性也就越少。所以喝茶会睡不着觉的人,可以喝焙火较重、发酵较多的熟茶。

第三,“陈放”。陈放就是把茶买回来放,放一年、五年或更久,使茶性变得更加醇和。陈放一年是属于短期陈放，目的只在降低茶的青味与寒性，多用于绿茶或不焙火的茶类，这类型的陈放要特别留意干燥。陈放三五年以上是属于中期陈放，目的是要改变茶叶的品质特性，使其在原有基础上变得醇净而少刺激，多用于轻火、中火的叶茶类。十年以上是属于长期的陈放，目的在改变茶叶的风格，使之产生老茶的另一股风味，多用于轻火、中火的叶茶类与后发酵茶。

陈放要在阴干无杂味的地方，包装的要求是防潮、不透光，但不要抽真空、不要冷藏。湿度高的时候不要开封，平时也不要常开盖，受潮后要“覆火”，覆火的方法依茶的种类选择低温覆火或高温覆火。陈放成老茶的茶叶品质宁可高一些，因为陈放的时间是高价的；开始陈放的焙火程度不要太高，否则以后变化的空间不大。

第五章　茶叶的分类

茶叶分为基本茶类和再加工茶类两大类。其中基本茶类又可分为不发酵的绿茶、全发酵的红茶、半发酵的青茶（乌龙茶）、轻微发酵加闷黄的黄茶、不揉不炒轻微发酵的白茶，以及后发酵的黑茶等六类。

六大茶类一般可从干茶的色泽和汤色来区分。绿茶的清汤绿叶，红茶的红汤红叶，黄茶的黄汤黄叶，黑茶的陈香，白茶的更近自然，青茶间于红绿茶的香高味醇。这六大基本茶类，是以鲜叶在加工中是否经过发酵及发酵程度进行分类的结果。

绿茶是我国最早产生的茶类，唐宋时期以高温水蒸气杀青的蒸青团茶为主，到明朝发展为锅釜杀青的炒青散茶。在绿茶制作的基础上实践发展，造就了各具品质特色的六大茶类。

茶之所以会分成那么多种类，就是因为制造中发酵、揉捻、焙火与茶青老嫩之不同造成的，但是为什么会有那么多种类的茶产生，除了地理环境造成自然的差异外，人们需求不同的口感与风味也是原因。

不同的制造工艺，对茶性的改造是不同的。比如绿茶性凉，可祛火降温，而红茶经过完全发酵，茶性由凉转温。所以，不同的茶，适合不同体质的人，这一点是很重要的。在后面我们会专门探讨茶与养生的关系，其中会谈到不同体质的人应该如何选择适合自己的茶叶，以及其中的原因。

一、绿　茶

绿茶是我国产量最多的一类茶叶。用茶树新梢的芽、叶、嫩茎，经过杀青、揉捻、干燥等工艺制成的初制茶（或称毛茶）和经过整形、归类等工艺制成的精制茶（或称成品茶），保持绿色特征，可供饮用的茶，均称为绿茶。

绿茶是不发酵茶。这类茶的茶叶颜色是翠绿色，泡出来的茶汤是绿黄色，因此称为绿茶。主要花色有西湖龙井茶、碧螺春茶、黄山毛峰茶、庐山云雾、六安瓜片、蒙顶茶、太平猴魁茶、顾渚紫笋茶、信阳毛尖茶、竹叶青、平水珠茶、西山茶、雁荡毛峰茶、华顶云雾茶、涌溪火青茶、敬亭绿雪茶、峨眉峨蕊茶、都匀毛尖茶、恩施玉露茶、婺源茗眉茶、雨花茶、莫干黄芽茶、五山盖米茶、普陀佛茶。

当然茶干和茶汤均为绿色的却不一定为绿茶，如铁观音和台湾的条形与球形包种茶，轻发酵、轻焙火或无焙火，因此茶干和茶汤也呈现出以绿色为主的色调，但从茶叶分类的角度来说它们却属于乌龙茶类。

绿茶具有清新的绿豆香，味清淡微苦。富含叶绿素、维生素C。茶性较寒凉，咖啡因、茶碱含量较多，较易刺激神经。

绿茶又分为炒青绿茶、晒青绿茶、蒸青绿茶、烘青绿茶四大类，这是根据工艺命名的。如炒青是指绿茶制作工艺的杀青和干燥造型主要以金属传热的炒为主；而烘青是指绿茶干燥造型阶段以热风传热的烘为主，蒸青是指绿茶杀青采用高温蒸汽蒸熟；晒青则是在干燥时用日光作为热源。

（一）炒青绿茶

杀青、揉捻后用炒滚方式为主干燥的绿茶称为炒青绿茶。炒青绿茶又可细分为细嫩炒青，如龙井、碧螺春、南京雨花茶、安化松针等；长炒青，如珍眉、秀眉、贡熙等；圆炒青，如平水珠茶等。

（二）晒青绿茶

杀青、揉捻后用日晒方式干燥的绿茶称为晒青绿茶。晒青绿茶主要有陕青、滇青、川青、桂青、黔青等。

（三）蒸青绿茶

用蒸汽杀青，将茶叶蒸软，而后揉捻、干燥而成的绿茶称为蒸青绿茶。其代表性品种有煎茶、恩施玉露等。

（四）烘青绿茶

杀青、揉捻后用烘焙方式干燥的绿茶称为烘青绿茶。烘青绿茶又可分为细嫩烘青，如黄山毛峰、太平猴魁、高桥银峰等；普通烘青，如福建的闽烘青、湖南的湘烘青、安徽的徽烘青、浙江的浙烘青等。

二、红　茶

红茶类属全发酵茶。红茶加工时不经杀青，经过萎凋，使鲜叶失去一部分水分，再揉捻（揉搓成条或切成颗粒），然后发酵，使所含的茶多酚氧化，变成红色的化合物，是一种全发酵茶。

红茶的名字得自其汤色红。因为它的颜色是深红色，泡出来的茶汤又呈朱红色，所以叫红茶。红茶主要有小种红茶、工夫红茶和红碎茶三大类。主要花色有祁门红茶、滇红、宁红、宜红、英德红茶、正山小种红茶等。

红茶的原料大叶、中叶、小叶都有，一般是切青、碎型和条型。香味：麦芽糖香，焦糖香，滋味浓厚略带涩味。性质：温和。不含叶绿素、维生素 C。因咖啡因、茶碱较少，兴奋神经效能较低。

红茶可分为三类：

（一）小种红茶

小种红茶是福建特产，是世界红茶的始祖，约在两百多年前创制于福建崇安桐木关一带。有正山小种和外山小种之分。其中的“小种”就是指当地菜茶群体，菜茶属于中小叶种茶树。正山小种产于崇安县（今武夷山市）桐木关一带海拔 800～1500 米高的山区，也称“桐木关小种”。产在桐木关称为正山小种；邻近县市用工夫红茶熏烟的称为“烟小种”。政和、坦洋、北岭、展南、古田等地所产的仿照正山品质的小种红茶，统称“外山小种”或“人工小种”。正山小种之“正山”，乃表明是“真正的高山地区所产”之意。武夷山中所产的茶，也均称作正山，而武夷山附近所产的茶则称外山。

正山小种制作原料成熟度较高，外形条索肥实，色泽乌润，汤色红艳浓厚，有松烟香，滋味醇厚，似桂圆汤，带蜜枣味。调加牛奶后茶香味不减，形成糖浆状奶茶，液色更为绚丽。

(二)工夫红茶

工夫红茶是在小种红茶的基础上演变发展成的一类红茶。工夫红茶是我国特有的红茶品项。工夫红茶原料细嫩,制工精细颇具工夫,因此称为工夫茶,并不是指冲泡时颇费工夫。至今中国生产的工夫红茶主要有:安徽祁门红茶、云南滇红、四川川红、福建闽红、江西宁红、湖南湘红、湖北宜红、浙江越红、贵州黔红、江苏苏红、广东粤红等。

其中最负盛名的是产于安徽祁门一带的“祁红”和产于云南的“滇红”。特级“祁红”以当地中小叶群体种制作而成,外形条索细紧挺秀,金毫显露,色泽乌黑油润,汤色艳明红亮,具有特殊的花香,具有类似玫瑰花的甘香,或类似果糖香,称之为“祁门香”,滋味醇和,回味嫩甜。“滇红”采用云南大叶种,属于大叶红茶,显金黄毫,汤色红艳,具有类似于焦糖的香气特点,滋味浓醇。

(三)红碎茶

茶青经萎凋、揉捻后,用机器切碎,然后经发酵、烘干而制成的红茶称为红碎茶。红碎茶的可溶性物质浸出快,适合做成“袋泡茶”,饮用起来方便快捷,很受国际市场的欢迎。

什么是“工夫茶”

“工”夫茶,并非一种茶叶或茶类的名字,而是一种泡茶的技法。之所以叫“工”夫茶,是因为这种泡茶的方式极为讲究,操作起来需要一定的功夫,功夫乃沏泡的学问、品饮的功夫。品“工”夫茶是潮汕地区很出名的风俗之一，在潮汕家家户户都有“工”夫茶具，每天必定要喝上几轮。即使侨居外地或移民海外的潮汕人，也仍然保存着品“工”夫茶的习惯。如今，“工”夫茶已然风靡大江南北，俨然成为一种时尚，甚至走出国门，成为中国文化的一个代表符号。

三、青茶（乌龙茶）

青茶是一类介于红茶和绿茶之间的半发酵茶（发酵度10％～70％），俗称乌龙茶。乌龙茶种类繁多，在六大类茶中工艺最复杂，制作时适当发酵，使叶片稍有红变。泡法也最讲究，泡出来的茶汤则是蜜绿色或蜜黄色。它既有绿茶的鲜爽，又有红茶的浓醇。因其叶片中间为绿色，叶缘呈红色，故有“绿叶红镶边”之称。

比较有名的花色有安溪铁观音、武夷岩茶、闽北水仙、凤凰单丛、冻顶乌龙等。

乌龙茶的香味从清新的花香、果香到熟果香都有，滋味醇厚回甘，略带微苦亦能回甘，是相当吸引人的茶叶。

乌龙茶主要有闽北乌龙、闽南乌龙、广东乌龙、台湾乌龙四大类。

（一）闽北乌龙茶

闽是福建省的简称，产于福建北部的乌龙茶都属于闽北乌龙。其中最具代表性的有武夷岩茶和闽北水仙。武夷岩茶的主要品种有驰名中外的茶王“大红袍”，及当家品种肉桂和水仙。除此之外，还有铁罗汉、白鸡冠、水金龟、半天腰、北斗、金佛、状元红等名丛。

武夷岩茶汤色橙红亮丽，有天然花香，滋味醇厚，叶底呈明显的“绿叶红镶边”，且有香久益清、味久益醇，耐泡、耐储存等特点。细细品悟，还会感受到“香、清、甘、活”的无比美妙的岩韵。

（二）闽南乌龙茶

产于福建南部安溪、华安、永春、平和等地的乌龙茶统称为闽南乌龙茶。闽南是我国最主要的乌龙茶产区，其中最著名的是“铁观音”。其次，安溪的黄金桂、本山、毛蟹，永春的佛手，平和的白芽奇兰，绍安的八仙及梅占、桃仁等，都是闽南乌龙茶中的珍品。除了上述的纯种乌龙茶之外，闽南人也常将不同品种的茶混合采制，或制好后混合拼配，这样生产出来的乌龙茶统称为“色种”。

（三）广东乌龙茶

广东乌龙茶以产于潮州潮安的凤凰单丛和产于饶平的岭头单丛最为有名，其次是产于饶平的饶平色种。

（四）台湾乌龙茶

台湾乌龙茶根据其多酚类的氧化程度和做青程度不同分为三类。

一是包种茶。发酵程度8%～10%，经过炒青、揉捻、干燥等工艺程序生产的乌龙茶称为“包种”。包种色泽较绿，汤色黄亮，滋味和口感接近绿茶，但有乌龙茶特有的香和韵。包种茶主产于台湾北部的台北市和桃园县。其中以文山所产品质最佳，故习惯上称为“文山包种”。

二是乌龙茶。发酵程度为15％～25％，经过炒青、揉捻、初干、包揉、再干燥等工艺程序生产的半发酵茶，在台湾才称为乌龙茶。其中以冻顶乌龙、高山乌龙最为有名。

三是膨风茶。发酵程度为50％～60％，经过炒青、湿巾包覆回软、揉捻、干燥等工艺程序生产的乌龙茶称为膨风茶。其中的极品称为东方美人，又名白毫乌龙、香槟乌龙或五色茶。

四、黄　茶

黄茶属于轻微发酵茶，是我国特有的茶类。黄茶的制法有点像绿茶，只是在制茶过程中有包裹起来闷黄这道独特的工艺程序，即在一定温度和含水量的情况下，使茶叶由绿色逐渐转变为黄色的过程，具有干茶金黄、汤色黄亮、叶底嫩黄的“三黄”特点。主要花色有君山银针、蒙顶黄芽、北港毛尖、沩山毛尖、温州黄汤、霍山黄芽、霍山黄大茶、广东大叶青等。

黄茶之名最早出现在唐朝，指的是茶树品种芽叶自然发黄。如当时六安的“寿州黄芽”，制作工艺仍是按蒸青团茶的制法。现在的黄茶，是明朝后期人们从炒青绿茶中发现，由于杀青、揉捻后干燥不足或不及时，叶色即变黄，于是成了一个新的品类——黄茶。

黄茶按鲜叶老嫩分为黄芽茶、黄小茶和黄大茶三类。黄茶有芽茶与叶茶之分，对新梢芽叶有不同要求：除黄大茶要求有一芽四五叶新梢外，其余的黄茶都有对芽叶要求“细嫩、新鲜、匀齐、纯净”的特点。如蒙顶黄芽、君山银针属于黄芽茶，沩山毛尖、平阳黄汤等均属黄小茶，而安徽霍山、湖北英山所产的一些黄茶则为黄大茶。

黄茶依据原料芽叶的嫩度可分为黄芽茶、黄小茶、黄大茶三大类。

(一)黄芽茶

原料细嫩，采摘单芽或一芽一叶加工而成，其代表性品种有湖南岳阳的“君山银针”，四川雅安的“蒙顶黄芽”，以及安徽霍山的“霍山黄芽”。黄茶类“君山银针”已极少生产。蒙顶黄芽以清明前采的独芽为原料，按传统黄茶工艺精制而成，外形扁平光滑，嫩黄油润，汤色嫩黄明亮，醇香柔和，回甘甜爽，是黄茶中的珍品。

(二)黄小茶

采摘细嫩芽叶加工而成的黄茶，其代表性品种有湖南岳阳的“北港毛尖”和浙江温州的“平阳黄汤”等。

(三)黄大茶

采摘一芽二三叶，甚至一芽四五叶为原料加工而成的黄茶。其代表性品种有安徽“霍山大黄茶”以及“广东大叶青”等。

五、白　茶

白茶的名字最早出现在唐朝陆羽的《茶经·七之事》中，其记载：“永嘉县东三百里有白茶山。”即今福建福鼎县白茶品种原产地。《大观茶论》里说的白茶，是早期产于北苑御焙茶山上的野生白茶。其制作方法仍然是经过蒸、压而成团茶，与现今的白茶经萎凋、干燥的制法并不相同。

白茶具有外形芽毫完整，满身披毫，毫香清鲜，汤色浅，黄绿清澈，滋味清淡回甘的品质特点，是我国茶类中的特殊珍品。

白茶主要是通过萎凋、干燥制成的，属轻微发酵茶（发酵度10%）。它加工时不炒不揉，只将细嫩、叶背满茸毛的茶叶晒干或用文火烘干，而使白色茸毛完整地保留下来。白茶是呈条状的白色茶叶，泡出来的茶汤呈象牙色；因白茶是采自茶树的嫩芽制成，细嫩的芽叶上面盖满了细小的白毫，白茶的名称就因此而来。

白茶汤色浅淡，味清鲜爽口、甘醇、香气弱，性寒凉，有退热祛暑作用。

白茶主要产于福建的福鼎、政和、松溪和建阳等地，主要花色有白毫银针、白牡丹、贡眉、寿眉等。其中白毫银针最为有名，因其成品茶多为芽头，满披白毫，如银似雪而得名。

白茶依照原料的不同可分为白芽茶和白叶茶两类。

（一）白芽茶

完全选用福鼎大白茶或福鼎大毫茶肥壮的芽头制成，其代表性品种有产于福建福鼎，用烘干方式制作的“北路白毫银针”，以及产于福建政和，用晒干方式制作的“南路白毫银针”。这两类白茶都通称“白毫银针”，其茶性凉，功效如同犀角，是防治小儿麻疹的特效约，对成人有排毒养颜、清热降火的功效。

（二）白叶茶

采摘一芽二三叶或用单片叶，按白茶生产工艺制成的白茶统称为“白叶茶”，其代表性品种有白牡丹、贡眉、寿眉等。其中白牡丹是白叶茶中的珍品。

六、黑　茶

黑茶是用大叶种等茶树的粗老梗叶或鲜叶为原料，通过杀青、揉捻、渥堆发酵、干燥等工艺程序生产的茶，其中渥堆发酵是决定黑茶品质的关键工序。渥堆时间长短、堆内温湿度的高低，都会对产品品质产生十分重要的影响。经过适度渥堆发酵，成品色泽呈油黑色或暗褐色，故名黑茶。汤色橙黄或褐色，虽是黑茶，但泡出来的茶汤未必是黑色。

黑茶类属后发酵茶（随时间的不同，其发酵程度会变化），可存放较久，黑茶性质温和，耐泡耐煮。具陈香，滋味醇厚回甘。

黑茶主要有“湖南黑茶”、“湖北老青茶”、“广西六堡茶”，四川的“西路边茶”、“南路边茶”，云南的“紧茶”、“饼茶”、“方茶”和“圆茶”等品种。过去，黑茶主要供给边疆少数民族饮用，所以也称为边销茶。

后发酵有何特点呢？通常来说，茶叶发酵的本质即是茶叶中可氧化的物质氧化的过程。通常所说的发酵是茶叶中氧化酶作用下进行的氧化反应，如青茶、白茶、红茶的发酵。茶的另一种发酵是杀青以后才产生的，属于非酵素性氧化，为区别于杀青之前的“发酵”，特别将这种杀青后的发酵称为“后发酵”。

七、普洱茶

普洱茶因产地旧属云南普洱府（今普洱市），故得名。过去多数权威的茶学专著都把普洱茶归入黑茶类，进入 21 世纪后，一些学者提出普洱茶应独立为一类，理由如下：

第一，普洱茶的茶性与其他黑茶不同，其他各种黑茶对茶树的品种类型都没有任何限制，无论是大叶种还是中叶种或小叶种的茶青均可用于生产黑茶。而普洱茶却规定了“以符合普洱茶产地环境条件的云南大叶种晒青茶为原料”。

第二，普洱茶后发酵的原料与工艺均与其他黑茶不同，其他黑茶渥堆发酵是在干燥工序之前，而普洱茶则是用晒青毛茶为原料进行泼水渥堆，即发酵程序在第一次干燥工序之后。另外，普洱茶后熟的途径很多，既可用泼水渥堆发酵，也可以是干仓陈化或湿仓陈化，而黑茶的唯一方式是渥堆发酵。

第三，把普洱茶归入黑茶类既不符合历史，又不符合现代市场的实际。历史上的普洱茶是特指云南西双版纳、思茅一带生产的晒青毛茶及其压制的成品。这些茶在出售时或进贡时都没有经过渥堆发酵，而是在长途运输及储存的过程中，经过长时期的自然陈化才形成了普洱茶独特的陈香陈韵。也就是说，历史上的普洱茶绝不是黑茶。在现代市场中的普洱茶分为生普洱茶和熟普洱茶两大类，其销量大体相当。因此，黑茶概念的外延与内涵都无法准确涵盖普洱茶。

云南大叶种茶是指分布于云南茶区各种乔木型、小乔木型大叶种茶树品种的总称。

普洱茶生产工艺中所说的后发酵是指云南大叶种晒青茶或普洱茶（生茶）在特定的环境条件下，经过微生物、酶、湿热、氧化等综合作用，其内涵物质发生一系列转化，而形成普洱茶（熟茶）独特品质特征的过程。

八、花　茶

花茶属于后加工茶，是将茶叶加花窨焙而成，茉莉花、玫瑰、桂花、黄枝花、兰花等，都可加入各类茶中窨成花茶。花茶又名窨花茶、香片等。

这种茶富有花香，以窨的花种命名，一般是把花名放在前边，茶名放在后边。如茉莉花茶、玫瑰红茶、桂花乌龙、牡丹绣球、珠兰毛峰、珠兰大方等。

不同花茶有不同的风味。茉莉花茶，香气清幽、柔和、鲜灵、高雅，是熏花花茶中的最大宗产品。桂花芬芳浓郁，最适合用来熏制乌龙茶或高档的绿茶。玫瑰花香甜润迷人，最适宜用来熏制红茶。金银花的香气清纯隽永，最适宜熏制鲜爽度高的绿茶。另外还有白兰花、含笑花、珠兰花、玳玳花等也常常用来熏制花茶。

第六章　茶区分布及名茶

到目前为止，我国茶园面积超过190万公顷，约占世界茶园面积总量的50%；我国茶叶产量2005年超过印度后，成为世界第一大茶业生产国，约占世界产量的31%。我国拥有四大茶区：西南茶区、华南茶区、江南茶区和江北茶区。

一、西南茶区

西南茶区位于中国西南部，包括云南、贵州、四川三省以及西藏东南部，是中国最古老的茶区。茶树品种资源丰富，生产红茶、绿茶、沱茶、紧压茶和普洱茶等，是中国发展大叶种红碎茶的主要基地之一。

云贵高原为茶树原产地中心，地形复杂，有些同纬度地区海拔高低悬殊，气候差别很大，大部分地区属亚热带季风气候，冬不寒冷，夏不炎热。土壤状况也较为适合茶树生长，四川、贵州和西藏东南部以黄壤为主，有少量棕壤；云南主要为赤红壤和山地红壤。土壤有机质含量一般比其他茶区丰富。

主要绿茶有：云南省勐海的南糯白毫、大理的苍山雪绿、下关的翠花茶、宝洪茶（十里香茶）、云海白毫、化佛茶、翠华茶、墨江云针、绿春马玉茶等;四川省的竹叶青、永川秀芽、文君嫩绿、峨眉毛峰、蒙顶甘露、青城雪芽、宝顶绿茶、峨蕊、灵山银芽、云顶绿茶、三清碧兰等;贵州省的都匀毛尖、贵定云雾茶、湄江翠片、遵义毛峰、羊艾毛峰等。

主要红茶有:云南省勐海的滇红工夫茶、大叶种红碎茶等;四川省的早白尖。

主要黄茶有:四川省的蒙顶黄芽;贵州省的海马宫茶。

另外还有云南省的西双版纳、思茅的普洱茶;四川省的四川边茶。以及云南省下关的云南沱茶、圆茶(七子饼)、竹筒香茶、紧压茶等;四川省的康砖茶、金尖、方包茶及重庆沱茶等。

二、华南茶区

华南茶区位于中国南部,包括广东省、广西壮族自治区、福建省、台湾省、海南省,是中国最适宜茶树生长的地区。

除闽北、粤北和桂北等少数地区外,这里年平均气温为 19℃~22℃,茶树生长期 10 个月以上。年降水量是中国茶区之最,一般为 1 200~2 000 毫米,其中台湾省雨量特别充沛,年降水量常超过 2 000 毫米。茶区土壤以砖红壤为主,部分地区也有红壤和黄壤分布,土层深厚,有机质含量丰富。主要生产红茶、乌龙茶、花茶、白茶、黑茶等。

绿茶有广东省的古劳茶、仁化银毫等;广西的南山白毛茶、桂林毛尖、覃塘毛尖、象棋云雾、凌云白毫等;福建省的石亭绿、天山烘绿、七境堂茶、龙岩斜背茶、莲心茶等;台湾的三峡龙井。

乌龙茶有广东省的凤凰水仙、凤凰单丛等；福建省的武夷岩茶、大红袍、铁罗汉、白鸡冠、水金龟、肉桂、闽北水仙、白毛猴、龙须茶、佛手、铁观音、黄金桂、色种茶等；台湾省乌龙、铁观音、包种茶等。

红茶有广东省的英德红茶；福建省的政和工夫、坦洋工夫、白琳工夫、正山小种等。

白茶有福建省的银针白毫、白牡丹、寿眉等。

黄茶有广东省的大叶青茶。

黑茶有广西的六堡散茶、龙脊茶。

花茶类有广东省的茉莉花茶、玫瑰花茶等；广西的桂花茶；福建省的茉莉花茶；台湾省的茉莉花茶、桂花乌龙茶等。

三、江南茶区

江南茶区是我国茶叶生产最集中的茶区，年产量约占总产量的 2/3。江南茶区位于长江中下游南部，包括浙江、湖南、江西等省和安徽、江苏、湖北三省南部等地。茶园主要分布在丘陵地带，少数在海拔较高的山区，大部分地区生态条件较好，气候四季分明，年平均气温 16℃～18℃，冬季绝对最低气温在零下 8℃左右。年降水量为 1 300～1 800 毫米，春夏季雨水最多，约占全年降水量的 60%～80%，秋季干旱，茶区土壤主要为红壤，部分为黄壤或黄棕壤，少数为冲积土。

江南茶区以生产绿茶为主，也生产红茶、乌龙茶、白茶、紧压茶、花茶。

主要绿茶有：浙江的龙井、顾渚紫笋、惠明茶、平水珠茶、径山茶、泉岗辉白、天尊贡芽、日铸雪芽、云峰、蟠毫、鸠坑毛尖、安吉白片、双龙银针、开化龙顶、江山绿牡丹、临海云峰、建德苞茶、天目青顶、雁荡毛峰、东白春芽、普陀佛茶、华顶云雾、兰溪毛峰、余姚瀑布茶、遂昌银猴、磐安云峰、仙居碧绿、松阳银猴、婺州举岩、望府银毫等；湖南的安化松针、高桥银峰、碣滩茶、岳麓毛尖、东湖银毫、桂东玲珑茶、古丈毛尖、狮口银芽、湘波缘、河西圆茶、黄竹白毫、郴州碧云、江华毛尖、雪峰毛尖、韶峰茶、牛抵茶、官庄毛尖、南岳云雾茶、月牙茶、东岩茗翠等；江苏（苏南）的洞庭碧螺春、南京雨花茶、金坛雀舌、前峰雪莲、南山寿眉、梅龙茶、金山翠芽、天池茗毫、翠螺、无锡毫茶等；安徽的黄山毛峰、太平猴魁、黄山银钩、涌溪火青、休宁松萝、老竹大方、敬亭绿雪、眉茶、瑞草魁、九华毛峰、黄山翠竹、天山真香眉等；江西的庐山云雾、婺源茗眉、狗牯脑、上饶白眉、崖雾茶、双井绿、小布岩茶、麻姑茶、瑞州黄檗茶、龙舞茶、新江羽绒茶、周打铁茶、九龙茶、山谷翠绿、通天岩茶、窝坑茶、云林茶、攒茶、井冈翠绿、罗峰茶、三清云雾、黄狮茶、墨菊、泰和蜀口茶等；湖北（鄂西南）的象牙茶、恩施玉露、峡州碧峰、金水翠峰、水仙茸勾茶、碧叶青等。

红茶有浙江的越红工夫茶、温红等；湖南湖红工夫茶；江西省宁红工夫茶；湖北省宜红工夫茶；安徽省祁门工夫茶。

黄茶有浙江省温州黄汤、莫干黄芽等；湖南省君山银针、沩山白毛尖、北港毛尖等。

黑茶有湖南省的黑毛茶、湖尖、黑砖茶、花砖茶、茯砖茶等；湖北省的老青茶、青砖茶、二仙岩青茶等。

四、江北茶区

江北茶区是最北的茶区，以生产绿茶类为主，位于长江中下游北部，包括河南、陕西、甘肃、山东等省和安徽、江苏、湖北三省北部，属于中国北部茶区。茶区年平均气温15℃～16℃，冬季绝对最低温度零下10℃。年降水量约800毫米，分布不匀，茶树较易受旱。茶区土壤多属黄棕壤或棕壤，是中国南北土壤的过渡类型，少数山区的气候适宜茶树生长，所产茶叶品质不亚于其他茶区。

江北茶区主要生产绿茶，其中著名的有安徽（皖北）六安瓜片、舒城兰花茶、天柱剑毫、金寨翠眉、皖西早花茶、岳西翠兰、昭关松针等；江苏（苏北）花果山云雾茶；湖北（鄂北）双桥毛尖、车云山毛尖、仙人掌茶、龟山岩绿、隆中茶、碧山松针、棋仙茶、玉茗露等；山东沂蒙碧芽、日照的雪青和冰绿等。河南信阳毛尖、灵山剑峰、太白银毫、香山翠峰、仰天雪绿、清淮绿梭等；陕西的午子仙毫、紫阳毛尖、紫阳翠峰、秦巴雾毫、汉水银梭等。

第七章　茶具的选用、鉴别与保养

茶具，古代亦称茶器或茗器。茶具按其狭义的范围是指茶杯、茶壶、茶碗、茶盏、茶碟、茶盘等饮茶用具。中国的茶具，种类繁多，造型优美，除实用价值外，也有颇高的艺术价值。由于制作材料和产地不同而分为陶土茶具、瓷器茶具、漆器茶具、玻璃茶具、金属茶具、竹木茶具和玉石茶具等几大类。当然，茶具是为泡茶服务的，首先应讲究实用、便利，其次才追求美观。

一、茶具的历史变迁

大凡讲究品茗情趣的人，都注重品茶韵味，崇尚意境高雅，强调"壶添品茗情趣，茶增壶艺价值"，认为好茶好壶，犹似红花绿叶，相映生辉。对修习茶道的人来说，不仅要会选择好茶，还要会选配好茶具。

在历史上，有关因茶制宜选配茶具的记述很多。唐代陆羽通过对各地所产瓷器茶具的比较后认为："邢（今河北巨鹿、广宗以西，沙河以北地方）不如越（今浙江绍兴、萧山、浦江、上虞、余姚等地）。"这是因为唐代人们喝的是饼茶，茶须烤炙研碎后，再经煎煮而成，这种茶的茶汤呈“白红”色，即“淡红”色。一旦茶汤倾入瓷茶具后，汤色就会因瓷色的不同而起变化。“邢州瓷白，茶色红；寿州（今安徽寿县、六安、霍山、霍邱等地）瓷黄，茶色紫；洪州（今江西南昌、丰城、进贤等地）瓷褐，茶色黑，悉不宜茶。”而越瓷为青色，倾入“淡红”色的茶汤，呈绿色。陆氏从茶叶欣赏的角度，提出了“青则益茶”，认为以青色越瓷茶具为上品。而唐代的皮日休和陆龟蒙则从茶具欣赏的角度提出了茶具以色泽如玉，又有画饰为最佳。

从宋代开始，饮茶习惯逐渐由煎煮改为“点注”，团茶研碎经“点注”后，茶汤色泽已近“白色”了。这样，唐时推崇的青色茶碗也就无法衬托出“白”的色泽。而此时作为饮茶的碗已改为盏，这样对盏色的要求也就起了变化：“盏色贵黑青”，认为黑釉茶盏才能反映出茶汤的色泽。宋代蔡襄在《茶录》中写道：“茶色白，宜黑盏。建安所造者绀黑，纹如兔毫，其坯微厚，熁之久热难冷，最为要用。”蔡氏特别推崇“绀黑”的建安兔毫盏。

明代，人们已由宋时的团茶改饮散茶。明代初期，饮用的芽茶，茶汤已由宋代的“白色”变为“黄白色”，这样对茶盏的要求当然不再是黑色了，而是时尚“白色”。对此，明代的屠隆就认为茶盏“莹白如玉，可试茶色”。明代张源的《茶录》中也写道：“茶瓯以白瓷为上，蓝者次之。”明代中期以后，瓷器茶壶和紫砂茶具兴起，茶汤与茶具色泽不再有直接的对比与衬托关系。人们饮茶注意力转移到茶汤的韵味上来了，对茶叶色、香、味、形的要求，主要侧重在“香”和“味”。这样，人们对茶具特别是对壶的色泽，并不给予较多的注意，而是追求壶的“雅趣”。

到了清代，传统的六大茶类如绿茶、红茶、乌龙茶、白茶、黄茶、黑茶已全部形成，茶叶的内销及外销都达到历史最高水平，各地茶馆林立，民间喝茶更加普遍，茶真正走向世俗化，社会对茶具的需求量也大大提高。对茶具的种类与色泽，质地与式样，以及茶具的轻重、厚薄、大小等，提出了新的要求。

二、饮茶方式与茶具

散茶的真正流行是明代洪武二十四年（公元1391年）以后的事。由于茶叶不再碾末冲泡，前代流行的碾、磨、罗、筅、汤瓶之类的茶具皆废弃不用，宋代崇尚的黑釉盏也退出了历史舞台，代之而起的是景德镇的白瓷。屠隆《考般木余事》记载："宣庙时有茶盏，料精式雅质厚难冷，莹白如玉，可试茶色，最为要用。蔡君谟取建盏，其色绀黑，似不宜用。"用雪白的茶盏来衬托青翠的茶叶，可谓尽茶之天趣也。

饮茶方式的一大转变带来了茶具的大变革，从此，壶、盏搭配的茶具组合一直延续到现代。

茶壶在明代得到很大的发展，在此之前有流、带把的容器皆称之为汤瓶，亦谓偏提，到了明代真正用来泡茶的茶壶才开始出现，壶的使用弥补了茶盏易凉和落尘的不足，也大大简化了饮茶的程序，受到世人的极力推崇。

虽然有流有柄，但明代用于泡茶的壶与宋代用来点茶的汤瓶有很大的区别，明代的茶壶，流与壶口基本齐平，使茶水可以保持与壶体的高度而不致外溢，壶流也制成S形，不再如宋代强调的"峻而深"。明代茶壶尚小，以小为贵，因为"壶小则香不涣散，味不耽搁，况茶中真味，不先不后，只有一时，太早则未足，太迟则已过，似见得恰好一泻而尽，化而裁之，存乎其人，施于他茶，亦无不可”。

三、怎样选用茶具

选择茶具时必须了解茶性，顺应茶性，以便使所选用的茶具能充分舒发茶性，即茶具要为展示茶的内在美服务。在中国民间，有“老茶壶泡，嫩茶杯冲”之说。这是因为较粗老的老叶，用壶冲泡，一则可保持热量，有利于茶叶中的水浸出物溶解于茶汤，提高茶汤中的可利用部分；二则较粗老茶叶缺乏观赏价值，用来敬客，不大雅观，这样，还可避免失礼之嫌。而细嫩的茶叶，用杯冲泡，一来可以欣赏茶叶在杯中的形态与动态之美，而且易散热，防止茶叶产生焖熟味。

具体来说，需要配备什么样的器具，还要视情况而定。

第一，看场合。是在家里独饮还是待客，是三五个知己品茗聊天，还是聚会商谈要事。如果是一人独饮，随个人爱好，需要什么茶具就用什么茶具，有的人独饮时甚至连茶杯都不用，直接对着壶嘴啜饮。如果待客，就要选用可供客人鉴赏的器具和根据客人口味选择的上好茶叶。

第二，看茶叶。所喝茶叶不同，茶具当然也不相同。

比如花茶。一般说，饮用花茶，为有利于香气的保持，可用壶泡茶，然后斟入瓷杯饮用。高档花茶的泡饮应选用透明玻璃盖杯，取花茶 3 克，放入杯里，用 90℃左右水冲泡，随即盖上杯盖，以防香气散失。两三分钟后，即可品饮。

比如绿茶。如果是品饮西湖龙井、洞庭碧螺春、君山银针、黄山毛峰等细嫩名茶，选用晶莹剔透的无花纹玻璃杯直接冲泡最为理想。至于其他细嫩名优绿茶，除选用玻璃杯冲泡外，也可选用景德镇白瓷、龙泉青瓷敞口杯冲泡。但不论冲泡何种细嫩名优绿茶，茶杯均宜小不宜大，大则水量多，热量大，会将茶叶泡熟，使茶叶色泽失却绿翠；其次会使芽叶软化，不能在汤中林立，失去姿态；再次会使茶香减弱，甚至产生“熟汤味”。冲泡时不必盖上杯盖，以免产生热闷气，影响茶汤的鲜爽度。

比如乌龙茶。冲泡乌龙茶应使用广东潮州工夫茶具或福建乌龙茶具，宜用紫砂壶或盖碗。

比如红茶。红茶和普洱茶都属于高温冲泡的茶叶，用保温性能好些的紫砂壶浸泡会比较好，能够较好地发挥红茶和普洱茶醇厚隽永的茶性。饮用红茶可用广州织金彩瓷盖杯或壶、杯，也可用宜兴紫砂壶或涂白釉的紫砂杯。

第三，看材质和颜色。也就是说，茶具的气质应该与所泡茶叶的气质相协调。

如果使用一组深颜色的紫砂壶冲泡龙井、碧螺春等绿茶，就会给人以不协调的感觉，如果换成一组青瓷，那就可以把绿茶的翠绿、清凉衬托得更好。反之，用一组精致的薄胎纯白瓷冲泡陈年普洱也会令人有张冠李戴的感觉，而且茶汤在纯白的杯子里会显得太暗，但如果换成一组手拉成形的暗铁红陶器，杯子又是盏形宽口，那与普洱茶的茶性就更相得益彰了。

四、选择茶壶的标准

(一)看容量大小

根据品茶的人数选择泡茶壶的大小，相配套的杯子和壶的容积应适当，配三个杯的小壶就至少要装得下三杯水，配五个杯的小壶也要装得下五杯水。四人以下可用标准壶泡茶，四人以上则要选用较大的茶壶。壶的大小最好能让一壶茶一次全部倒干。

(二)看出水与断水

从茶壶中倾茶，出汤应流畅均匀，呈圆柱形且水柱光滑不散乱，往容器中注水不会水珠四溅或是水柱旋转，俗称“七寸注水不泛花”。也就是说倒茶时茶壶离杯七寸高而茶水仍然呈圆柱形，不会水珠四溅的为好壶。

“断水”是指倒茶时，要倒即倒，要停即停，壶嘴不留余沥，俗称为倒茶不留涎。倒茶时收断自如的为好壶，反之为差。用这样的壶或盅泡茶时，才不会有茶水到处滴落。

(三)看滤渣功能

壶与盅要有良好的滤渣功能，起码要能将茶的粗渣滤掉，而且避免茶渣将出水口堵住，倒不出水来。若能将细澧也滤掉，倒出的茶汤干干净净，看着很舒服，可以在壶身或盅口加装高密度的不锈钢滤网。

(四)看是否实用

壶把拿着是不是省力、舒适也是重要的标准。持壶时省力舒适的为佳,反之为差。

一把壶的重量要拿在手里不觉得累,如果茶壶太小,则装的水太少,如果茶壶太大,则手会感觉很累,更不用说装入茶水后。以上茶壶的实用功能部分,要待当场拿着壶装入水亲自试验才能感觉得到这把壶是否实用。

大杯泡茶与小壶冲泡有何区别

一些北方人爱用大水杯喝茶。北方的大水杯泡茶是把茶叶放杯子里,再冲入开水,想要喝的时候直接拿杯子喝。茶汤的浓度直接由茶叶的多少,以及泡茶的水温和喝茶的时间决定,如果茶叶放得太多,在喝第一泡的时间等水温到达适口的温度时,茶汤会太浓;如果茶叶放得太少,喝到的茶汤会太淡,尤其是续水时。所以说如果想用一个固定的大水杯喝到一杯适口浓度的茶,所投的茶量和水的温度都是很关键的。而小壶正好克服了这个弊端,小壶泡茶是把茶叶放入小壶内,再根据需要浸泡的时间倒出茶汤,泡茶者除了可以控制投茶量和水量外,还可以控制茶叶在壶中浸泡的时间,这样一来,茶汤的浓度就能得到有效的控制,如果运用不同材质的小壶来泡不同的茶,则更能表现出不同茶的最佳风味。

五、茶具及其配件

（一）茶　海

茶海又名茶盅、公道杯、母杯，因地域习惯不同，而称呼各异，用处却是统一的。茶壶内之茶汤浸泡至适当浓度后，茶汤倒至茶海，再分倒于各小茶杯内，以求茶汤浓度之均匀。亦可于茶海上覆一滤网，以滤去茶渣、茶末。它的主要作用还在于公道，使每杯茶的浓度厚薄一致，无有偏私。

（二）盖　碗

盖碗或称盖杯，分为茶碗、碗盖、托碟三部分，置茶三克于碗内，冲水，加盖5分钟左右饮用。以此法泡茶，通常喝上一泡已足，至多再加冲一次。

（三）茶　杯

茶杯的种类、大小应有尽有，喝不同的茶用不同的茶杯。根据茶壶的形状、色泽，选择适当的茶杯，搭配起来也颇具美感。为便于欣赏茶汤颜色，也便于清洗，杯子内面最好上釉，而且是白色或浅色。对杯子的要求，最好能做到"握拿"舒服，"就口"舒适，"入口"顺畅。

（四）茶道配件

1. 茶筒　盛放茶艺用品的器皿。

2. 茶匙　又称“茶扒”，形状像汤匙，所以称“茶匙”，其主要用途是挖取泡过的茶壶内的茶叶，茶叶冲泡过后，往往会紧紧塞满茶壶，一般茶壶的口都不大，用手既不方便也不卫生，故皆使用茶匙。

3. 茶漏　茶漏用于置茶时放在壶口上，以导茶入壶，防止茶叶掉落壶外。

4. 茶则　茶则又称茶勺，是盛茶入壶的用具，一般为竹制。

5. 茶夹　又称茶筷，茶夹功用与茶匙相同，可将茶渣从壶中夹出，也常有人拿它来夹着茶杯洗杯，既防烫又卫生。

6. 茶针(茶通)　茶针的功用是疏通茶壶的内网，以保持水流畅通，当壶嘴被茶叶堵住时用来疏浚，或放入茶叶后把茶叶拨匀，碎茶在底，整茶在上。

7. 茶船和茶盘　茶船形状有盘形、碗形，茶壶置于其中，盛热水时供暖壶烫杯之用，又可用于养壶。茶盘则是托茶壶茶杯之用。常用的是两者合一的茶盘，即有孔隙的茶盘置于茶船之上。这种茶盘的产生，是因为乌龙茶的冲泡过程较复杂，从开始的烫杯热壶，以及后来每次冲泡均需热水淋壶，双层茶船，可使水流到下层，不致弄脏台面。茶盘的质地不一，常用的有紫砂和竹器。

8. 茶巾　茶巾又称为茶布，茶巾的主要功用是干壶，于酌茶之前将茶壶或茶海底部的杂水擦干，亦可擦拭滴落桌面之茶水。

9. 茶叶罐　储存茶叶的罐子，必须无杂味、能密封且不透光，其材料有马口铁、不锈钢、锡合金及陶瓷。

10. 茶荷　茶荷的功用与茶则、茶漏类似，皆为置茶的用具，但茶荷更兼具赏茶功能，主要用途是将茶叶由茶罐移至茶壶。主要有竹制品，既实用又可当艺术品，一举两得。没有茶荷时可用质地较硬的厚纸板折成茶荷形状使用。

六、茶具的材质与分类

按照茶具材质的不同，主要分为漆器茶具、金属茶具、玻璃茶具、竹木茶具、瓷器茶具和紫砂茶具。

（一）漆器茶具

漆器有轻巧美观，色泽光亮，能耐温、耐酸的特点，更具有艺术品的功用。

漆器茶具始于清代，较有名的有北京雕漆茶具、福州脱胎茶具、江西鄱阳等地生产的脱胎漆器等，均具有独特的艺术魅力。其中，尤为福建生产的漆器茶具多姿多彩，有“宝砂闪光”、“金丝玛瑙”、“釉变金丝”、“仿古瓷”、“雕填”、“高雕”和“嵌白银”等品种，特别是创造了红如宝石的“赤金砂”和“暗花”等新工艺以后，更加鲜丽夺目，惹人喜爱。

（二）金属茶具

金属用具是指由金、银、铜、铁、锡等金属材料制作而成的器具。它是中国最古老的日用器具之一，早在公元前221年秦始皇统一中国前一千五百年间，青铜器就得到了广泛的应用，先人用青铜制作盘盛水，制作爵、尊盛酒，这些青铜器皿自然也可用来盛茶。

自秦汉至六朝，茶叶作为饮料已渐成风尚，茶具也逐渐从与其他饮具共享中分离出来。大约到南北朝时，中国出现了包括饮茶器皿在内的金属器具。到隋唐时，金属器具的制作达到高峰。

从宋代起，古人对金属茶具褒贬不一。元代以后，特别是从明代开始，随着茶类的创新，饮茶方法的改变，以及陶瓷茶具的兴起，才使包括银质器具在内的金属茶具逐渐消失。

对于用金属器皿作为泡茶用具，行家评价并不高。明代张谦德所著《茶经》，就把瓷质茶壶列为上等，金、银壶次之，铜、锡壶则属下等，用它们来煮水泡茶容易使“茶味走样”，为斗茶行家所不屑采用。到了现代，除了几个少数民族外，金属茶具已基本上不被人们所使用。但用金属制成贮茶器具，如锡瓶、锡罐等，因其密闭性要比纸、竹、木、瓷、陶等好，具有较好的防潮、避光性能，更有利于散茶的保藏，因此得以流行于世。

（三）玻璃茶具

在现代，玻璃器皿有较大的发展。玻璃质地透明，光泽夺目，外形可塑性大，形态各异，用途广泛。玻璃杯泡茶，茶汤的鲜艳色泽，茶叶的细嫩柔软，茶叶在整个冲泡过程中的上下穿动，叶片的逐渐舒展等，可以一览无余，可说是一种动态的艺术欣赏。

玻璃茶具的缺点是质地坚脆，易裂易碎，比陶瓷茶具烫手。不过现代科学技术已能将普通玻璃经过热处理，改变玻璃分子的排列，制成有弹性、耐冲击、热稳定性好的钢化玻璃，使茶具性能大为改善。

（四）竹木茶具

隋唐以前，中国饮茶虽渐次推广开来，但属粗放饮茶。当时的饮茶器具，除陶瓷器具外，民间多用竹木制作而成。陆羽在《茶经·四之器》中开列的28种茶具，多数是用竹木制作的。这种茶具，来源广，制作方便，对茶无污染，对人体又无害，因此，自古至今，一直受到茶人的欢迎。但缺点是不能长时间使用，无法长久保存，失却文物价值。只是到了清代，在四川出现了一种竹编茶具，它既是一种工艺品，又富有实用价值，主要品种有茶杯、茶盅、茶托、茶壶、茶盘等，多为成套制作。

竹编茶具由内胎和外套组成，内胎多为陶瓷类饮茶器具，外套用精选慈竹，经劈、启、揉、匀等多道工序，制成粗细如发的柔软竹丝，经烤色、染色，再按茶具内胎形状、大小编织嵌合，使之成为整体如一的茶具。这种茶具，不但色调和谐，美观大方，而且能保护内胎，减少损坏；同时，泡茶后不易烫手，并富含艺术欣赏价值。因此，多数人购置竹编茶具，不在其用，而重在摆设和收藏。

现在，竹木茶具主要是茶盘、盛器和泡茶辅助用具，如各式竹木茶盘、茶碗、茶则、茶匙、茶夹、茶针、茶叶罐、水盂、杯垫等。在少数民族地区，竹木茶具仍占有一定位置，云南哈尼族、傣族的竹茶筒、竹茶杯，西藏藏族和蒙古族的木碗、木槌，布朗族的鲜粗毛竹煮水茶筒均是。

（五）瓷器茶具

瓷器是中国古代伟大的发明。学界普遍认为，在三千多年前的商代已出现了原始青瓷。

高岭土（瓷土）是瓷器的胎料，含铁量一般在3%以下，比陶土的含铁量低。烧成温度比陶土高，约在1 200℃左右。胎体坚固密致，断面基本不吸水，敲击时有清脆的金属声音。

瓷器茶具可分为白瓷茶具、青瓷茶具和黑瓷茶具等。

1. 白瓷茶具 唐代饮茶之风大盛，促进了茶具生产的相应发展。白瓷，早在唐代就有“假玉器”之称。北宋时，景德镇生产的瓷器质薄光润，白里泛青，雅致悦目，并有影青刻花、印花和褐色点彩装饰。

到元代，景德镇因烧制青花瓷而闻名于世。青花瓷茶具，幽靓典雅，颇受青睐。

明代景德镇瓷器在元代的基础上得到进一步的发展，全国的制瓷中心转移到景德镇，烧制的青花、釉里红、青花五彩等瓷器在元代的基础上得到进一步的改进，而明代仿宋代定窑、汝窑、官窑、哥窑的瓷器也很成功，特别是永乐朝烧制的白瓷，胎白而致密，釉面光润，具有“薄如纸，白如玉，声如磬，明如镜”的特点，时人称之为“填白”，以“填白”釉烧制的茶盏，造型稳重，比例匀停。

清代各地制瓷名手云集景德镇，制瓷技术又有不少创新。雍正时，珐琅彩瓷茶具胎质洁白，通体透明，薄如蛋壳，已达到了纯乎见釉，不见胎骨的完美程度。这种瓷器对着光可以从背面看到胎面上的彩绘纹图，有如“透轻云望明月”、“隔淡雾看青山”，制作之巧，令人惊叹。

白瓷以江西景德镇最为著名，其次如福建德化、河北唐山、山东淄博、安徽祁门的白瓷茶具等也各具特色。

2. 青瓷茶具 青瓷茶具自晋代开始发展，那时青瓷的主要产地在浙江。由于宋代瓷窑的竞争，技术的提高，使得茶具种类增加，出产的茶壶、茶碗、茶盏、茶杯、茶盘等品种繁多、式样各异、色彩雅丽，风格大不相同。

浙江龙泉青瓷，以“造型古朴挺健、釉色翠青如玉”著称于世，特别是宋代造瓷艺人章生一、章生二兄弟俩的“哥窑”、“弟窑”，继越窑有发展，学官窑有创新，产品质量突飞猛进，无论釉色或造型都达到了极高造诣。

哥窑瓷胎薄质坚，釉层饱满，色泽静穆，有粉青、翠青、灰青、蟹壳青等颜色，以粉青最为名贵。釉面显现纹片，纹片形状多样。纹片大小相间的，称为文武片，有细眼似的叫鱼子纹，类似冰裂状的称白圾碎。这本来是因釉原料收缩系数不同而产生的一种弊病，但人们喜爱它自然、美观，反而成了别具风格的特殊美。它的另一特点是器脚露胎，胎骨如铁，口部釉隐现紫色，因而有“紫口铁脚”之称。

3. 黑窑茶具　宋代的饮茶主要以点茶为主，煎茶为辅，在点茶基础上升华为斗茶、分茶和茶百戏。宋代斗茶之风盛行，斗茶者们根据经验认为建安窑所产的黑瓷茶盏用来斗茶最为适宜。

盏是宋人对茶碗的称呼，由于宋人崇尚白色的汤色，因此宋代的黑釉盏特别盛行。黑釉盏以福建建窑产的兔毫纹（油滴纹）、鹧鸪纹最为有名，建窑生产的黑釉盏底部刻有“供御”、“进琖”字样的，是进贡给宋皇室的御用茶具。

在建窑黑釉盏的影响下，江西吉州窑、四川广元窑以及北方的河南、河北、山西、山东等一些窑场也生产黑釉盏，定窑、磁州窑生产的黑釉茶具量也很大。

(六)紫砂茶具

紫砂茶具由陶器发展而成,是一种新质陶器。紫砂艺术始于北宋,兴于明清,繁荣于当代。

紫砂茶具是用江苏宜兴南部及其毗邻的浙江长兴北部埋藏的一种特殊陶土,即紫金泥烧制而成的。这种陶土,含铁量大,有良好的可塑性,烧制温度以1 150℃左右为宜。紫砂茶具的色泽,可利用紫泥泽和质地的差别,经过“澄”、“洗”,使之出现不同的色彩,如可使天青泥呈暗肝色,蜜泥呈淡赭石色,石黄泥呈朱砂色,梨皮泥呈冻梨色等;另外,还可通过不同质地紫泥的调配,使之呈现古铜、淡墨等色。优质的原料,自然的色泽,为烧制优良紫砂茶具奠定了物质基础。

紫砂茶具经过明代的初步繁荣,清代紫砂茶具又一次迎来了新的创作高峰。如果说明代紫砂壶尚嫌粗朴的话,那么清代紫砂制作工艺则大大提高,其泥料细腻,制作规整,出现了像陈鸣远这样的大名家。嘉庆、道光年间以后,文人雅士相继加入制壶工艺,使紫砂茶具的人文内涵大大提高。

1. 紫砂壶的优点

第一,紫砂泥的可塑性好,黏合力强,在加工制作时不粘工具不粘手,陶艺家可充分表达自己的创作意图,发挥工艺技巧,做出千姿百态、巧夺天工的壶坯。

第二,泡茶不失原味,“色香味皆蕴”,使“茶叶越发醇郁芳沁”。紫砂陶中有双气孔结构,一为闭合气孔,二为开口气孔,这就使紫砂壶有良好的透气性、吸香性、保温性,用于泡茶既不夺香,又无熟烫之气，能泡出茶的真味、本味。

第三，干燥收缩率小，烧成温度范围较宽，生坯强度大，烧成变形率低，烧出的茶壶口盖能做到严丝合缝，造型轮廓线条不致扭曲。壶盖紧密，减少了病菌、真菌随空气流入壶内的可能性，因而，能较长时间保持茶汤的色香味，推迟茶叶变质发馊的时间。

第四，壶的手感温润而不烫手。砂壶传热缓慢，使用提携不烫手。

第五，使用时间越长就越美观。紫砂壶成型后不需要施釉，它平整光滑，富有光泽，经茶水冲泡后，表面的光泽会越变越浑厚，越变越可爱，像玉石的光泽一样，让人感到亲切温馨。

2. 紫砂壶的造型 紫砂壶的造型千姿百态，可谓汇集了器皿造型之大全。这些造型可归纳为花货、光货、筋囊货三大类。

(1)光货。“光货”又称为几何体造型，是根据球形、筒形、立方形、长方形及其他几何形体变化而来的。“光货”讲究外轮廓线的组合，并且用各种线条作为装饰变化，要求壶体光洁，块面挺括，线条利落。“光货”又可分为圆器与方器两种。所谓“方非一式，圆不一相”、“和而不同，变化万千”。圆器造型讲究“圆、稳、匀、正”，圆中要有变化，“掇球壶”、“汉扁壶”是其典型造型。方器造型要求轮廓线条分明，方升壶、亚明方壶等都是其典型造型。

(2)花货．把自然界动植物的自然形态，用浮雕、半浮雕和堆雕等造型设计成仿生形态的茶壶称之为“花货”。“花货”是用提炼取舍等艺术手法，去再现自然界中最富有美学价值的东西，并使之符合壶的实用功能和审美原则。在这方面，供春的“树樱壶”，陈鸣远的“南瓜壶”，以及国家级工艺美术大师蒋蓉的牡丹壶、荷花壶、长寿碧桃壶等都是稀世珍宝。

(3)筋囊货,又叫筋纹器,是紫砂艺人的行话。将自然界中的瓜棱、花瓣、云水纹等形体分为若干等分,把生动流畅的筋纹纳入精确严格的设计,制作出的壶称为"筋囊货"。时大彬的"玉兰花六瓣壶",以及当代紫砂壶大师王寅春的"梅花周盘壶"等都是筋囊货制作的典范。

3. 如何鉴别紫砂壶 如何鉴别紫砂壶呢?我们可以从实用性、工艺性和艺术性三个方面考虑。

(1)实用性。紫砂壶是用于泡茶的。所以,选购时不妨先就其实用的功能加以考虑。优良的实用功能是指容积和容量的恰当,壶把的便于端拿,壶嘴出水的流畅,品茗沏茶得心应手。因此,选购紫砂壶应依据个人的饮茶习惯,考虑壶的容量,壶嘴出水的顺畅,壶把执握的舒适等等。因为,透过使用上的舒适感,可以产生情感,愉悦身心,百玩不厌,让人珍爱有加。

(2)工艺性。紫砂壶的工艺性是指制作的技术水准,是评审壶艺优劣的准则。一把好的紫砂壶除了壶的流、把、钮、盖、肩、腹、圈足应与壶身整体比例协调,点、线、面的过渡转折交代清楚与流畅外,尚须审视其"泥、形、款、功"四方面的施艺水准。

①泥:"泥"是鉴赏一把紫砂壶的基础,选用的泥料,可以是单独的一种泥料,也可以是多种混合而成。泥料以纯正、精细者为好,但即使是有些壶掺杂以不同的泥料,如果表现出的整体效果好,那也是不错的。泥料的选择上最重要的是不能掺杂一些有害人体健康的化工原料。好的紫砂泥应具有"色不艳、质不腻"的显著特性。所以,选购紫砂壶应就紫砂泥的良莠加以考虑。有些壶

体颜色鲜亮，多半是假壶，是人造的浮光。除了看，还可摸壶身，好的紫砂壶要有砂质的感觉。

②形：即壶的形象，也就是形状样式。紫砂壶的造型千姿百态，其间蕴藏了丰富多彩的完美器形，汇集了历代艺人的创作智慧和心血结晶，素有“方非一式，圆不一相”的赞誉。至于选择何种形状样式的壶为佳，则因各人心理需求的不同，很难论定。不过，因紫砂壶属于整个茶文化组成的部分，所以它所追求的意境，应属茶道所追求的“涤净烦嚣，淡泊明志，超世脱俗”的意境。“古拙素雅”与茶道文化的意境最是融洽，所以紫砂壶的造型考虑应以能表现“古拙”气氛的为优选。

③款：即壶的款识。紫砂壶是“字随壶传，壶随字贵”。在鉴别款识的时候，一是鉴别壶的作者是谁，是否名家，或题词镌铭的作者是谁（一般情况下，名家的作品无论从其工艺上或是艺术上来说都是较具收藏价值的）；二是看刻的书画和印款（金石篆刻）的艺术功力如何，用刀是否精到，是否能达到“切茗、切壶、切情”的整体效果。

④功：是指壶艺的功能美，有别于实用功能的诉求点。这些年来紫砂市场蓬勃发展，紫砂壶产品屡有新作问世。只是有的紫砂艺人创新作品，光讲造型的形式美，却忽视了功能为用的美。这种情况直接影响了砂壶功能的发挥，在泡茶、品茗的使用过程中，出现了“中看不中用”的缺失。紫砂壶的功能美主要表现在容量适度、高矮得当、口盖严谨及出水流畅四个方面。从壶盖通常就能看出一把壶是否做工精湛。可将壶装满水，用手指压住盖上的气孔，倾壶时流不出水的为佳，反之则差。或在倾壶倒水时再用手指去

压气孔，可立即断流者为佳，反之则差。倾壶时壶盖不易翻出跌落者为佳，反之则差。

至于容量上的考虑，按目前普通家庭的饮茶习惯，一般二至五人聚饮，宜采用容量350毫升者为佳。无论手拿手提都只需举手之劳，所以人称“一手壶”。

(3)艺术性。如果抽象地讲紫砂壶艺的审美，可以总结为形、神、气、态这四个要素。

①形，即形式美，是指作品的外轮廓，也就是具象的面相；

②神，即神韵，一种能令人意会体验出精神美的韵味；

③气，即气质，壶艺所内涵的本质的美；

④态，即形态，作品的高、低、肥、瘦、刚、柔、方、圆的各种姿态。

从这几个方面贯通一气，才是一件真正的完美的好作品。但这里又要区分理和趣两个方面。若壶艺爱好者偏于理，斤斤计较于壶的容积的宜大宜小，嘴的宜曲宜直，盖的宜昂宜平，身段的或高或矮，侧重于从沏茶品茗方面为出发点，那就只知理而无趣。一种艺术的欣赏应该在理亦在趣。一件作品不管它是大是小，壶嘴是曲是直，盖子是昂是平，形制是高是矮，都在乎有趣，趣才能产生情感，怡养心灵，百玩不厌。所以观赏一件新的造型，应该在领悟美的本质以后才能加以评点。

紫砂艺术是一种“源于生活，高于生活”的艺术创作形式。一件好的紫砂壶，除了讲究形式的完美与制作技巧的精湛，还要审视纹样的适合，装饰的取材以及制作的手法。再说壶艺本身就是感情。所以一件较完美的作品，必须能够抒发艺术的语言。既要方便使用，又要能够陶冶性情，启迪心灵，给人油然而生的艺术感受。

诚如已故紫砂大师顾景舟所说，“总之，艺术要有决断、要朴素、要率真，要把亲自感觉到的表达出来，以达到形、神、气、态兼备，才能使作品气韵生动，显示出强烈的艺术感染力”。

七、历代制壶名家简介

从明至今六百年来，各朝各代名家辈出，或创制革新，或继承传统，都在无声地书写着紫砂的传奇，书写着中华民族的伟大和文明。为宜兴紫砂茶具作出过重大贡献的人物很多，我们至少应该了解下列几位壶艺家：

(一)供　春

供春(约1506～1566年)是紫砂壶历史上第一个留下名字的壶艺家。主要作品有树瘿壶、六瓣圆囊壶等。

供春是明代官吏吴仕(号颐山)的书童。吴仕在宜兴的金沙寺复习迎考，他的书童供春就在寺内向金沙寺僧学习用紫砂制壶，并且进行了自己的改造，把原来实用性为主的壶制作得更有文化气息。当时文人们对于奇石有种独特的审美，他们认为“丑极”就是“美极”，如果一块石头达到了“瘦、漏、透、皱”的程度，这就是一块美石。当时供春仿照金沙寺旁大银杏树的树瘿，也就是树瘤的形状做了一把壶，并刻上树瘿上的花纹，烧成之后，这把壶非常古朴可爱，很合文人的意，于是这种仿照自然形态的紫砂壶一下子出了名，人们都叫它供春壶。由于身份原因，供春结交的都是一些读书人，文人爱喝茶，大家在一起谈论文学时品茶聊天，所以供春壶在文人中一下传播开了。

(二)时大彬

时大彬号少山，活跃于明万历年间，生卒年不详。一代制壶名家时鹏之子，为明代三大妙手之一，对紫砂陶的泥料配制，成型技法，造型铭刻都有深入研究。

他继承了父业，成就却超过了他的父亲，其作品已达到了“诸款俱足，诸土色也俱足，不务妍媚而朴雅坚栗，妙不可思”。最初仿供春作大壶，后识文学家、书画家陈继儒等人，接受品茶、试茶理论的启发，一反旧制，专做小壶。所制茗壶，千态万状，信手拈出，巧夺天工，世称“时壶”、“大彬壶”。

时大彬有两个徒弟徐友泉和李仲芳，都是制壶名家，有“壶家妙手称三大”之誉。时大彬可以说是划时代的巨匠，对泥料配制、成形技法、造型设计等均有研究和创新，他总结、发展和改进了整套制壶工艺，确立了至今仍为紫砂业遵行的打泥片拍打镶接，这种凭空成形的高难度技术体系。他开始了在壶底上落名款和制作年、月，并根据文人饮茶习尚始制小型茶壶。传世作品较多，著名款式有提梁壶、扁壶、瓜棱壶、僧帽壶、六方壶、鼎足圆壶等等。他的作品，故宫博物院、上海博物馆、南京博物馆、香港、台湾及海外均有收藏。

(三)李仲芳

李仲芳是时大彬门下的第一高徒，善制宜兴砂壶，所制渐趋文巧，李仲芳和徐友泉是时大彬许多学生中的突出代表。在陶业中，

“紫砂三大妙手”即指时大彬、李仲芳、徐友泉师徒三人。

李仲芳不同于时大彬“敦雅占穆”的风格，而后人评论李仲芳则称“以文巧相竞”。

（四）徐友泉

徐友泉，名士衡，自小拜时大彬为师，有着造型艺术方面的天赋。他对紫砂工艺在泥色品种的丰富多彩方面有杰出的贡献。擅作仿古铜器壶，手工精细，壶盖与壶口能够密不透风。他所制的长爪兽的形态，亦是仿青铜器的形制，所以特别有古拙味道，非同凡响。

徐友泉对壶泥色彩和茗壶式样，进行了较多创新。吴梅鼎《茗壶赋》云：“若夫综古今而合度，极变化以从心，拔而进乎道者，其友泉徐子乎！”把徐友泉称作多变化、集大成的一代宗匠，可谓推崇备至。徐友泉不仅一时被人称重，到了后世，还有人把他和他的老师并称。但徐友泉晚年常自叹道：“吾之精，终不及时之粗。”

（五）惠孟臣

惠孟臣（约 1598～1684 年），作品小壶多，中壶少，大壶罕见。所制紫砂壶大者浑朴，小者精妙，是时大彬之后的一位名家。其传世之作有香港中文大学文物馆藏品“朱泥圆壶”等。

孟臣壶在华南一带流传最多，但伪托的亦特别多，如不是精于赏鉴的人，很难辨别它的真假。雍正初年就有人仿制孟臣壶，后仿制者日见增多。

（六）陈鸣远

陈鸣远（约1651～1722年），号鹤峰，一号石霞山人，又号壶隐。他能自制自镌，雕镂兼长，制品多出新样，铭刻书法讲究古雅流利，具有晋唐风格。他的作品，茶具、文玩无不精妙，名乎中外。除茗壶之外，文玩雅赏，更是有名，砚屏、梅根笔架、莲心水盂，以及瓜果小品，他都擅长。如他所制南瓜壶，设计取材于自然，壶身为南瓜型；瓜蒂为壶盖，瓜藤为壶把，瓜叶卷成壶嘴；叶脉藤纹，均刻画得逼真，是其代表作品之一。

陈鸣远对壶艺的发展在于创新，他在造型设计上力变明末筋纹器形，多以自然形态入壶，是“花货”壶的祖师。

除茗壶以外，陈鸣远还善作杯、瓶、盒及各式瓜果造型的器具，如束柴三友壶、伏蝉叶形碟、葫芦水洗等。这些创作扩大了紫砂工艺的领域，使之逐步形成了一个完整的工艺体系。

陈鸣远的传世作品较多，其中最具代表性的有南京博物馆藏品“南瓜壶”，美国西雅图艺术馆藏品“梅干壶”，上海博物馆藏品“四足方壶”，天津市艺术博物馆藏品“天鸡壶”等。顾景舟先生称他“既承袭了明代器物造型朴雅大方的民族形式，又着重发展了精巧的仿生写实技法。他的实践树立了砂艺史的又一里程碑。”

（七）杨彭年

杨彭年（约1772～1854年），是清代嘉庆、道光年间宜兴制壶名手。杨彭年善于配泥，所制茗壶，浑朴工致。其壶随意天成，有天然风致，尤其是与宜兴附近的溧阳县宰陈鸿寿合作，创作出“曼生壶”。壶面上镌刻书画铭款，开创了紫砂壶造型与书法、绘画、诗文、篆刻相结合的创作与欣赏机制，将紫砂壶艺导入了一个新的境地。

（八）陈鸿寿

陈鸿寿（1768～1822年），字子恭，号曼生，又号老曼、曼公、曼寿、胥溪渔隐、种榆仙客、种榆道人等。清乾隆三十三年（1768年）生，道光二年（1822年）卒。陈鸿寿是一位书画家和金石家，在金石篆刻上造诣很深，被后世尊为“西泠八家”之一。

陈鸿寿于金石书画以外，以设计紫砂壶最为人称道。是中国第二代紫砂壶大师的领军人物，主张制壶创新，他倡导“诗文书画，不必十分到家”，但必须要见“天趣”。他把这一艺术主张付诸紫砂陶艺，形成壶界两大贡献。第一大贡献是把诗文书画与紫砂壶陶艺结合起来，在壶上用竹刀题写诗文，雕刻绘画。第二大贡献是他凭着天赋，随心所欲地设计了诸多新奇款式的紫砂壶，为紫砂壶创新带来了勃勃生机。他与杨彭年的合作，堪称典范。现在我们见到的嘉庆年间制作的紫砂壶，壶把、壶底有“彭年”二字印，或“阿曼陀室”印的，都是由陈曼生设计、杨彭年制作的，后人称之为“曼生壶”。曼生壶有三十八种款式，各种款式均造型新颖独特，做工精湛，更有书画铭刻为装饰，故“壶以文贵，文以壶传”。文化与壶艺珠联璧合，使得“曼生壶”完成了紫砂壶的全部美学价值，以诗、书、画、印与工艺五位一体的风韵，迈进了高雅的艺术殿堂。陈曼生使紫砂陶艺更加文人化，制作技术虽不如明代中期精妙，但对后世影响很大。

(九)邵大亨

邵大亨,是清末道光、咸丰年间的制壶大家。他在少年时就享有盛名。他制壶以浑朴见长,尤其是制简练形体,如掇球、仿古等壶,朴实庄重,气势不凡,更突出紫砂艺术质朴典雅的大度气息,他的壶“力追古人,有过之无不及也”。其鱼化龙壶,伸缩吐注,灵妙天然。他的作品在清代时已被嗜茶者及收藏家视为珍宝,有“一壶千金,几不可得”之说,可见当时他的壶艺声誉之高。传世作品有“一捆竹壶”(藏于南京博物院)、“鱼化龙壶”、“掇球壶”和“风卷葵壶”等,皆为砂壶精品。

(十)顾景舟

顾景舟(1915～1996年),原名景洲,别称曼希、瘦萍、武陵逸人、荆南山樵,自号壶叟、老萍。宜兴紫砂名艺人,中国美术家协会会员,中国工艺美术大师。十八岁拜名师学艺,20世纪30年代后期至上海制壶仿古,为现代最著名的紫砂壶大师,是位学者型的陶艺家。

中国内地知名的现代中年壶艺名家,多半出自他的门下,故被尊称为“壶艺泰斗”、“一代宗师”。顾景洲技艺全面,各类造型的紫砂壶作品均极精致,他尤其擅长造型简练的形制,浑朴儒雅,周正含蓄。作品的线条干净利落,挺括沉稳,即使普通的低档款式,一经他手,神韵格调即不同凡响。一生三次参加全国工艺美术代表大会,在港、澳、台、东南亚影响很大,作品为海内外各大博物馆、文物馆收藏。

八、紫砂壶的“开壶”与保养

(一)紫砂壶的“开壶”

新紫砂壶使用前要进行一系列的处理，行家叫作“开壶”。开壶目的是为了除去泥料的土味，将壶内残留的砂粒清除，清除紫砂壶身上为打磨或美容残留的油脂与水蜡。

第一，新壶买回来后，先用手和纱布洗擦去表面的灰尘和壶内的陶屑。然后用肥皂在壶盖和壶口的内侧涂上一层肥皂水，并抹上少许细的金刚砂。涂好后反复转动壶盖，使之与壶口壁相互摩擦，磨去两边的粗糙表面，使壶盖在转动时光滑不滞。

第二，开泡前把洗净且打磨过的新壶放入较浓的茶叶水里用小火煮沸。沸后不久即可熄火，待茶水放凉后，再点火煮沸，如此再三，可使新壶的泥土味尽去。此时，可取出壶，用细纱布或纯棉茶巾趁热用力摩擦，使其得到最初的养护。

如果烧结程度很低，又在壶表涂有仿古壶的有色油脂，下面这种方法可供参考：

用一个干净的锅，里面放满清水，把壶和盖子分开放进水里十几分钟，等壶、盖吸足水后把水倒掉，把壶和盖拿出来。冲入刚开的沸水，把壶和盖放进去(水要完全盖过壶)，这时壶身会冒出小泡泡，刚才吸进的冷水会带着杂质、土腥气跑出来。等水完全冷却后，再重复用沸水泡一遍。用准备养这把壶的茶叶放进壶内，再弄点放在锅里，沸水冲入，泡上两小时，再用清水洗干净，壶、盖分开放在干燥通风处，晾干后就可以泡茶了。

也可以将壶与壶盖分开，放置在盛满水的干净的容器中，容器要足够大，水要盖没整个壶。容器中同时放入一些茶叶（想用此壶来泡的茶叶），放在小火上慢慢煮开，小心看护，防止壶与壶盖或容器壁互相撞击而造成破损。慢慢地煮一小时左右，移去火源，让壶仍静置在有水覆盖的容器中，慢慢冷却，取出壶，倒去留在壶内的泥沙，用热水小心淋壶洗涤。经过此番处理，壶中的气孔均已打开，可以使用了。

（二）紫砂壶的保养

茶人们把对壶的保养称为“养壶”。行家公认“买来的是壶，养过的是宝”。紫砂壶是茶人的珍宝，但要使紫砂壶表现出真正的个性，就要有正确的养壶方法，具体来说需要注意以下几点。

1. 彻底将内外洗净 无论是新壶还是旧壶，养之前要把壶身上的蜡、油、污、茶垢等清除干净。

2. 切忌沾到油污 紫砂壶最忌油污，沾后必须马上清洗，否则土胎吸收不到茶水，会留下油痕。

3. 泡茶 新壶开始使用后，应常用开水烧烫壶身，使之反复热胀冷缩，促进壶胎泥质内部结构伴随着不断地热胀冷缩而改善。泡茶次数越多，壶吸收的茶汁就越多，土胎吸收到某一程度，就会透到壶表发出润泽如玉的光芒。

4. 擦与刷要适度 壶表淋到茶汁后，用软毛小刷子，将壶中积茶稍稍刷洗，用开水冲净，再用清洁的茶巾稍加擦拭即可，切忌不断地推搓。

5. 使用后清理晾干　泡茶完毕,要将茶渣清除干净,以免产生异味。不同的泥料适宜冲泡不同的茶类,所以,如有条件最好一把紫砂只用来冲泡一类茶。每次用完可将叶底放到壶中浸泡养壶,但数小时后一定倒掉叶底并将壶用清水冲净晾干收好。

6. 让壶休息　浸泡一段时间后,茶壶需要休息,使土胎能自然彻底干燥。

按这六步养亮的壶,虽养成的速度较慢,但亮度可经久不褪色,也不怕人的手触摸。

九、茶垢的利弊与茶具清洗

(一)茶垢的利弊

对于经常喝茶的人来说,茶具与健康关系密切。科学研究表明,在潮湿的环境中茶垢容易发霉,不只影响泡茶的味道,也有碍身体的健康,茶壶使用后应及时清洗,并使其干燥。这与养壶不相冲突,养壶是让茶色染附于壶身,造成温润古雅的质感,内外看来还得是整洁卫生才行。壶具清洗后,用柔质的布将外表擦拭一遍,使其着色均匀且有光泽。干燥的方法除阴干、烘干外,还可以用热水烫过,打开壶盖,让壶口与盖子内侧朝上,很容易就会变干的。烘干时不要使用100℃以上的高温,否则不但壶身容易受损,养壶的效果也会被破坏。

有些老茶客喜欢养紫砂壶,并喜欢壶里壶外积有一层厚厚的“茶垢”,美其名曰“茶山”,以此表明自己懂得养壶。甚至有的人认为用有茶垢的茶具冲泡茶才更有味，这都是受了一些传说影响而形成的错误观念。事实上，茶垢不仅对人体健康极为不利，同时对养好一把紫砂壶也是极为不利的。

科学研究表明，饮用水中含有矿物质和微量有害重金属离子，如镉、汞、砷等。当水加热时，随着水温的升高，某些钙、镁离子溶解度下降，难溶盐浓度不断加大，当水被浓缩到一定程度时沉淀析出。这些析出物可随水冲泡茶而进入茶杯中，没有被喝完或放的时间较长的茶水暴露在空气中，茶叶中的茶多酚与茶锈中的金属元素就会发生氧化，生出褐色茶锈，俗称茶垢，附着在杯子内壁，茶锈中就含有了镉、铅、汞、砷等多种有害金属，随着饮茶进入人们的消化系统，与食物中的蛋白质、脂肪酸、维生素等相结合，生成难溶的沉淀，不仅阻碍了人体对这些营养素的吸收和消化，还会使肠胃等器官受到损害。同时，这些氧化物进入身体还会引起神经、消化、泌尿造血系统病变和功能紊乱，甚至引起早衰，尤其是砷、镉可致癌，引起胎儿畸形，危害健康。所以民间历来有“喝茶不洗杯，阎王把命催”的俗谚。

另外，紫砂之所以适宜泡茶，很重要的原因之一就是其特殊分子结构造成的透气性。茶垢的堆积封闭了茶壶的这种透气性，使用紫砂壶变得毫无意义，加上茶垢对人体的伤害，所以养茶垢是极不可取的。

（二）茶具清洗方法

每次喝完茶后，即使茶具上没有留下明显的茶渍，也应认真清洗，以免积少成多。

·茶具,尤其是瓷器茶具,沾染上茶垢之后,可以使用牙膏进行清理,用棉花棒将牙膏涂在有茶垢的地方,然后耐心等待一分钟,用清水将其洗净,就可以很容易地将茶垢清除掉。

·在泡完茶之后,要及时倒掉茶渣,这样可以避免茶具产生异味。

·金属制的茶隔,会因茶垢而变得乌黑,如用中性清洁剂洗不掉,可用醋浸泡,或用漂白剂浸泡后可轻易去垢。

·在茶杯内侧涂上食用盐,特别是有茶垢的地方。然后用牙刷用力地刷洗茶杯,最后再用清水冲洗干净即可。

·清除茶垢时最好不要用钢丝球或清洁球等比较粗糙的清洗工具来刷洗,因为这些刷洗工具容易伤害茶具内壁的釉质,使之变得越来越薄,以后生成的茶垢会很容易渗入到茶具深层,极难彻底清除。宜采用软毛小刷子或牙刷、轻柔的清洁布等来清洗。

第八章　用什么水泡茶更合适

明代张源在《茶录》中说："茶者，水之神；水者，茶之体。"水对茶的重要性可见一斑，只有茶和水的交融，才能达到至高的品茗境界。宋徽宗赵佶《大观茶论》记载："水以清轻甘洁为美，轻甘乃水之自然，独为难得……但当取山泉之清洁者。""轻"其实就相当于我们今天所说的"软"。

因此，在选择泡茶用水时，我们需要了解水的软硬度与茶汤品质的关系。

含有较多量的钙、镁离子的水称为硬水，主要有泉水、江河之水、溪水、自来水和一些地下水；不含或含少量钙、镁离子的水称为软水，如天然水中的雨水和雪水。如果水的硬性是由含碳酸氢钙或碳酸氢镁引起的，这种水称暂时硬水；如果水的硬性是由含有钙和镁的硫酸盐或氯化物引起的，这种水叫永久硬水。暂时硬水通过煮沸，所含碳酸氢盐就分解，生成不溶性的碳酸盐而沉淀，这样硬水就变为软水了。有些硬水所含的物质是含有钙和镁的硫酸盐及氯化物，这些物质不能通过煮沸消除，所以也不可能转化成软水，这种硬水是永久硬水，用来煮沸后泡茶，泡出的茶汤颜色偏暗、香气不显、口感清爽度降低，所以硬水不适宜泡茶。

试验表明，当铁的含量超标时，茶汤汤色发暗，甚至呈黑褐色；

当铝超标时，茶汤味苦；当锰、铬、钙等超标时，茶汤苦涩味明显；当镁超标时，茶汤味变淡；当锌达到0.3毫克/升时，茶汤产生难以下咽的苦味；而铅、汞、砷等若超标，不仅影响茶汤品质，而且会对人体产生毒性。

明朝末年无名氏著的《茗芨》中论证说："各种水欲辨美恶，以一器更酌而称之，轻者为上。"清代乾隆皇帝很赏识这一理论，他无论到哪里出巡，都要令随从带上一个银斗，去称量各地名泉的比重，并以水的轻重，评出了名泉的次第。北京玉泉山的玉泉水比重最轻，故被御封为"天下第一泉"。现代科学也证明了这一理论是正确的。水的比重越大，说明溶解的矿物质越多。

一、软　水

古人称用于泡茶的雨水和雪水为天水，也称天泉。雨水和雪是比较纯净的，含盐量和硬度都很小，历来就被用来煮茶。特别是雪水，更受古代文人和茶人的喜爱。雪水是软水，且洁净清灵，用来泡茶，汤色鲜亮，香味俱佳。清代乾隆皇帝"遇佳雪，必收取，以松实、梅英、佛手烹茶，谓之三清。"可见乾隆对雪水的喜爱。

但现代空气污染严重，雨水多为酸雨，雪水中亦含有诸多杂质，两者皆不宜用于泡茶。

软水中含其他溶质少，茶叶有效成分的溶解度高，故茶味浓，是适宜泡茶的用水。但完全没有矿物质的蒸馏水和纯净水，口感不佳，也不是泡茶品饮的好水。

当然，没有一种水适合天下茶品，也没有一种茶适合天下水品。我们现在一般性的品茶，用水要求清洁、甘甜、清洌、无异味即可。在现代城市中，信誉可靠的企业生产的桶装矿泉水是上好的泡茶用水。若是名茶鉴赏，择水要更挑剔些，最好是所品茶产地的山泉水。

二、硬　水

（一）泉　水

位于无污染山区的天然泉水，处于流动状态，经过砂石的自然过滤，比较干净，味道甘美，水质一般比较稳定，非常适合作为泡茶用水，即古人所说的“活水”。所以有“泉从石出清宜洌”之说。但是，在地层里的渗透过程中泉水溶入了较多的矿物质，它的含盐量和硬度等就有较大的差异。所以，不是所有的山水都是上等的，有的泉水如硫黄矿泉水甚至不能饮用。

《茶经》指出：“其山水，拣乳泉、石池漫流者上。”这是说，从岩洞上石钟乳滴下、在石池里经过沙石过滤的而且缓慢流动的泉水为最好。

（二）江、河、湖水

江、河、湖水所含矿物质不多，通常有较多杂质，有可能受到污染，情况较复杂，所以不是理想的泡茶用水。但我国地域广阔，有些未被污染的江河湖水澄清后用来泡茶，也是可以的。

(三)井　水

井水属于地下水,与山泉水一样受到地层环境影响,一般深井较少受地面污染影响,水质比浅井好,应取附近地区未曾受污染的井水泡茶为宜。受污染多的井水,一般不宜用来泡茶。

(四)自来水

自来水一般都经过人工净化,不论是江、河水或是湖水,只要消毒处理过,都适用于泡茶。但有时自来水用过量的氯化物消毒,自来水中的氯离子会使茶叶中的多酸类物质氧化,茶香受到影响,还会影响品质,破坏茶味,因此建议不直接用来泡茶。如一定要用,需经过适当净化处理。简单方法就是,静置一昼夜后再用,氯气会自然散去,或者使用前经过过滤器过滤,以保证泡茶用水的纯净。

第九章　泡茶的技艺与心态

在茶道基础训练中，常用“小壶茶法”练习泡茶。“小壶茶法”是指小型壶具冲泡叶型茶的方法与品饮方式。茶壶大约在400毫升以内，杯子大约在50毫升以内，装一次茶叶，冲泡数次以供品饮。

一、茶叶冲泡的过程

冲泡不同的茶叶，要使用不同的茶具，其泡法也不相同。但是有几个环节却是在绝大多数茶叶冲泡过程中要共同做到的，其要求大体相同。

一是备器。根据即将冲泡的茶叶和人数，将相应的茶具摆放在茶桌上。如茶壶、茶杯、茶盘、茶叶罐、煮水器、茶荷、茶艺组（茶匙、茶夹、茶针、茶则、茶漏、箸匙筒）、茶巾、水盂等。

二是煮水。根据茶叶品种，将水加热至所需温度。

三是备茶。从茶罐中取适量茶叶至茶则（茶荷）中备用，如果选用的是外形美观的名茶，可让品茗者先欣赏茶叶的外形和闻干茶香。如不需赏茶，也可以从茶罐中取茶直接入壶（杯）。

四是温壶（杯）。将沸水快速冲倒入茶壶、茶杯中，以提高壶、杯的温度，同时使茶具得到再次清洁。然后将杯内的水倒出至茶船中。

五是投茶。投茶也叫置茶，指将待冲泡的茶叶置入壶或杯中。比较讲究的投茶方式，是将一茶漏斗放在壶口处，然后用茶匙拨茶进壶。

六是冲泡。将温度适宜的开水注入壶或杯中。如果冲泡重发酵或茶形紧结的茶类时，如红茶、乌龙茶等，第一次冲水数秒钟即将茶汤倒掉，称之为温润泡（也称洗茶），即让茶叶有一个舒展的过程，然后将开水再次注入壶中。注水时要沿茶壶口内缘冲入沸水，水柱不能从壶心直冲而入，因为那样会“冲破茶胆”，破坏茶的味道。水壶和茶壶的距离比较大，这样冲下来就叫“高冲”。高冲、大水流、快速注水的方式，有利于激发茶性，使茶沫上扬，加速茶元素物质的析出。相反，如果把水流控制得细细的，沿壶口边上慢慢注水，让水以渗透的方式接触茶叶，则有利于放缓茶元素物质的析出速度，可以让茶汤在保持鲜活的同时又不至于出苦涩味。

七是倒茶。先提壶沿茶船逆时针方向转圈，用意在于刮去壶底的水滴。将壶中的茶倒进公道杯，可使茶汤均匀。另一种均匀茶的方法是用茶壶给几个茶杯同时倒茶，当将要倒完时，把剩下的茶汤分别点进各杯中，俗称“韩信点兵”。留意倒茶时不能一次倒满一杯，至七分满为好。

八是分茶。将公道杯中的茶汤倒进茶杯中，以七分满为宜。斟茶时茶壶要尽量靠近茶杯，这样才能防止热气四散。同时，低斟还不会激起泡沫，也不会发出滴答的声响。

九是奉茶。将盛有香茗的茶杯奉到品茗人面前，一般应双手奉茶，以示敬意。

十是品茶。我们将在下一章专门探讨如何品茶。

十一是洗器。品茶活动结束，客人离开后，泡茶人应将茶杯收回，将壶（杯）中的茶渣倒出，将所有茶具清洁好，以备下次用。

这些是小壶茶冲泡法的全过程，整个过程并不复杂，但要达到动作优雅、流畅、自然、准确，茶汤鲜爽可口，则需多冲泡，多品尝，多总结。注意，无论冲泡何种茶叶，茶叶的用量、水温以及茶叶浸泡的时间，乃是泡茶技巧中的三个关键要素，也是泡好茶的三个基本功。下面我们分别探讨。

二、茶叶用量的掌握

冲泡不同类别的茶叶，使用不同的茶具，茶叶的投放量均有差异，但根据茶类及惯用的泡法，大体上可以将茶叶的投放量归纳为以下几种情况：

（一）绿茶类

1 克绿茶，冲入开水 50～60 毫升。通常一只容水量在 100～150 毫升的玻璃杯，投茶量 2～3 克。如果用壶泡法，茶叶用量按壶大小而定，一般以每克茶冲 50～60 毫升水的比例，将茶叶投入茶壶待泡。细嫩的名优绿茶用量也可视品饮者的需要稍做调整。

（二）白茶类和黄茶类

冲泡白茶和黄茶时，用茶量与绿茶相仿，每克茶的开水用量为 50～60 毫升。要注意的是，在冲泡针状黄茶时，如君山银针，每杯茶的投放量应恰到好处，太多和太少都不利于欣赏杯中茶的姿形景观。

（三）乌龙茶类

我国乌龙茶品种丰富，茶叶外形差异较大，如凤凰水仙系的乌龙茶、武夷岩茶、台湾文山包种茶的茶叶呈粗壮的条索形；铁观音呈螺钉状，而台湾冻顶乌龙等呈外形紧结的半球状，因此投茶量也应有所不同。一般冲泡乌龙茶，适宜使用江苏宜兴出产的紫砂壶，根据品茶人数选用大小适宜的壶，投茶量视乌龙茶的品种和条形而定，条形紧结的半球形乌龙茶，用量以壶的二三成满即可；松散的条索形乌龙茶，用量以容器的八成满为宜。

（四）红茶类

红茶品饮，主要有清饮和调饮两种。清饮泡法，每克茶用水量以 50～60 毫升为宜，如选用红碎茶则每克茶叶用水量 70～80 毫升。调饮泡法，是在茶汤中加入调料，如加入糖、牛奶、柠檬、咖啡、蜂蜜等，茶叶的投放量，则可随品饮者的口味而定。

（五）黑茶类

以六堡茶为例，一般选用盖碗冲泡，投茶量为 5～8 克，如用小壶冲泡，茶叶投放三四成即可。

（六）花茶类

花茶多用盖碗冲泡，视盖碗大小，每碗置花茶 2～3 克。

紧压茶的冲泡前处理

·遇到紧压茶，冲泡前应先行“解块”，也就是将压成块状的茶剥碎成适于冲泡的小块。要剥得多小呢？视饮用的急迫性而定，如果要慢慢饮用，可剥成大拇指头的大小；如果要快快饮用，则剥成小指尖的大小。解块之间难免会有一些细碎的茶叶，正可先行溶解以应第一泡之需，然后一道道冲泡，块状的部分逐渐松散，如此，后头浸泡的时间就可以不必拖得那么长了。

·紧压茶的浸泡时间之所以很难找出稳定性的规则，就因为解块的大小、细碎部分的多少、紧压的松紧程度有很大的差异。

·紧压茶如果近期就要饮用，可将之全部解块，装于茶罐内备用；如果还要继续存放，则整块放着较好。

三、泡茶水温的掌握

泡茶水温的高低，主要看泡饮什么茶而定。

冲泡绿茶和黄茶，不能用100℃的沸水冲泡，一般以85℃左右为宜。特别是茶叶细嫩的名优茶，如龙井、碧螺春、煎茶等带嫩芽的绿茶类与霍山黄芽、君山银针等黄茶类，用75℃左右的水冲泡即可。茶叶越嫩越绿，冲泡水温越要低，这样泡出的茶汤嫩绿明亮，滋味鲜爽，茶叶维生素C也较少破坏。

冲泡白毫乌龙等带嫩芽的乌龙茶，瓜片等采开面叶的绿茶与虽带嫩芽但重萎凋的白茶（如白毫银针、白牡丹）用80℃～90℃的水。

泡饮各种花茶、红茶和低档绿茶，则要用90℃左右的水冲泡。

如绿茶用太高温的水冲泡，茶汤应有的鲜活感觉会降低；白毫乌龙用太高温的水冲泡，茶汤应有的娇艳、阴柔的感觉会消失。

冲泡包种、冻顶、铁观音、水仙、武夷岩茶等采开面叶为主的乌龙茶和后发酵的普洱茶、全发酵的红茶，要用90℃～100℃的水，有时为了保持水温，要在冲泡前用开水烫热茶具，且在冲泡过程中，用开水淋壶。如用太低温的水冲泡，香气不扬、应有的阳刚风格表现不出来。

砖茶要求水温更高，有时需要将砖茶敲碎，放在锅中熬煮，这样才能将茶汁充分浸泡出来。

一般来说，茶叶偏嫩采者，水温要低；偏成熟采者，水温要高。上述乌龙茶之焙火高者，水温要高；焙火轻者，水温要低。

泡茶水温与茶叶中有效物质在水中的溶解度成正比，水温越高，溶解度越大，茶汤越浓；反之，水温越低，茶汤就越淡。相应的，水温高，苦涩味会加强，水温低，苦涩味会减弱。所以苦味太强的茶，可降低水温改善之，涩味太强的茶，除水温外，浸泡的时间也要缩短；为达所需的浓度，前者就必须增加茶量或延长时间，后者就必须增加茶量。

烧水时，沸点刚到，停止加温，这时水的能量是最充足的，不单温度高，活性也高，这样的水能泡出好茶。如果水反复加温，水的含氧量就会下降，水的活性流失，泡出来的茶口感木木的，茶香、茶味可能也会有，但不细腻，缺少变化，也没有立休感。喝这样的茶，自然很难体会到茶汤中的韵味。

泡茶用水烧至沸点后，如果需要加温，顶多再沸一到两次（最好是用多少水，烧多少水），水的活性才不至于流失太多。

最后一个问题，泡茶水温的调整是先烧到100℃再降低到所需的温度？还是需要多高的水温就烧到所需温度即可？这要依水质是否需要杀菌，或需要利用高温降低矿物质与杀菌剂含量而定，如果需要，先将水烧到100℃再降到所需温度，如果不需要，直接加温到所需温度即可。

其他因素的影响

·温壶与否？置茶入壶前是否将壶用热水烫过会影响泡茶用水的温度，热水倒入未温热过的茶壶，水温将降低5℃左右。所以若不实施“温壶”，水温必须提高些，或浸泡的时间延长些。

·温润泡（洗茶）与否？所谓温润泡就是第一次冲水泡茶后马上倒掉，然后再冲泡第一道（这不一定要实施），这时茶叶吸收了热度与湿度，再次冲泡时，可溶物释出的速度一定加快，所以实施温润泡的第一道茶，浸泡时间要缩短。

·茶叶冷藏过没有？冷藏或冷冻后的茶，若未放置至常温即行冲泡，应视茶叶的温度酌量提高水温或延长浸泡时间。

四、浸泡时间的掌握

泡茶时间必须适中，时间短了，茶汤会淡而无味，香气不足；时间长了，茶汤太浓，茶色过深，茶香也会因散失而变得淡薄。这是因为茶叶一经用水冲泡，茶中可溶解于水的浸出物，会随着时间的延续，不断浸出和溶解于水中。所以，茶汤的滋味总是随着冲泡时间延长而逐渐增浓的；沸水冲泡茶汤后，在不同时间段，茶汤的滋味、香气也是不一样的。

一般普通红茶和绿茶，头泡茶以冲泡 30～50 秒左右饮用为好，若想再饮，到杯中剩有 1～3 茶汤时，再续开水。

冲泡黄茶和白茶时，因为这两类茶在加工时，未经揉捻，加之冲泡水温又低，茶汁不易浸出，需加长冲泡时间。所以常在冲泡 50～75 秒后才开始品茶，不过品茗者可以通过这段时间尽情欣赏茶芽的变化。

如果冲泡的是乌龙茶，由于用茶量较大，又经过“温润泡”，因此第一泡一分钟左右将茶汤倒出；从第二泡起，每次应比前一泡多浸泡 15 秒左右，这样可使茶汤浓度不致相差太大。

小茶壶的冲泡，如果要泡五泡左右，第一泡大约浸泡一分钟可以得出适当的浓度，第二道以后要看茶叶舒展状况与品质特性增减时间，揉捻成卷曲状的茶，第二道、第三道才完全舒展开来，所以第二道浸泡时间往往需要缩短，第三道以后才逐渐增加浸泡的时间。

至于第二泡需要缩到多短？第几泡起才会恢复到第一泡的时间？第三泡以后每次增加的时间差距应该多少，这些都与“茶叶水可溶物溶出速度”、“茶叶水可溶物含量多少”以及“泡茶的水温”等有关。但有一个现象是确定的，那就是第三泡以后每泡增加的时间是越来越多，而不是等量的，也就是第四泡如果增加 40 秒，第五泡一定要增加得更多，而且愈往后，增加的比例要愈大。

另外，揉捻轻、发酵少的茶，可溶物释出的速度较快，所以第三道以后浓度增加已趋缓慢，必须增加更多的时间。重萎凋、轻发酵的白茶类，如白毫银针、白牡丹，可溶物释出缓慢，浸泡时间应延长得更多。细碎茶叶可溶物释出很快，前面数道时间宜短，往后各道的时间应增加得更多。重焙火茶可溶物释出的速度较同类型茶之轻焙火者为快，故前面数道时间宜短，往后愈多道则增加愈多的时间。

以上是就一般情况而言的，茶汤浸泡时间的长短，最终还是以品茗者的口味来确定为好。

如果为多泡几道而增加茶量，那第一道就不可能浸泡到一分钟，而必须缩短。如果因只泡一两道而少放茶叶，那第一道可能要浸泡到四、五分钟以上。浸泡的时间是随“置茶量”而定的，茶叶放得多，浸泡的时间要短，茶叶放得少，时间就要拉长。可以冲泡的次数也跟着变化，浸泡的时间短，可以多泡几次，浸泡的时间长，可以冲泡的次数一定减少。置茶量多或者是浸泡时间加长可以使茶汤更为浓厚，但是两者所产生的浓厚状况不一样：

置茶量多，茶叶内容物的释出是从茶叶表层到内部一层一层慢慢来，分多阶段进行；浸泡时间加长，每一泡释出的层次比较多，但是冲泡次数缩短。

浸泡时间长，茶汤较为浓稠，但是也容易出现苦味。苦味如果不会慢慢转为甘甜时，尽量将冲泡时间缩短。

在茶壶注入沸水时，茶叶内容物快速释出。在茶水倒出之后，纵使尽力将茶汤倒干，茶叶表层仍旧存有一层水膜。所以还是在冲泡状态，只不过释出速度比较缓慢。一般而言，不耐久浸的茶叶，应尽量将茶汤倒干，但动作不宜太粗鲁。需要久浸的茶叶，通常需要在茶壶内留一点水，例如发酵度够高的普洱茶。

一般来说，第一道浸泡的时间最好能在一分钟以上，因为茶叶各种可溶于水的成分比较有机会释出，这样得出的茶汤比较能代表该种茶的品质，如果时间太短，可能只有部分物质溶出，较难反映该种茶的真面目。

茶汤有一定的标准浓度，个人对茶汤浓度的喜爱也有某些程度的差异，但我们建议爱茶人尽量往标准浓度修正，因为太浓或太淡的茶汤，都不易体会出细微的味道。

前后两泡间隔时间的长短。泡了第一道，时间颇长（如 20 分钟以上）再泡第二道，这时的浸泡时间要比原来需要的时间缩短一些，因为这段等待的时间里，茶汤虽然已经倒出，但茶叶终究是潮湿的，水可溶物的释出现象依然进行着。如第二道原本应该浸泡 20 秒的，这时可能 10 秒就行了。若属二、三道，可溶物释出量正旺，缩短的幅度要加大。但这种情形如果发生在第四道、第五道，影响就不是那么大，如第四道原本应该浸泡 1 分 20 秒的，这时可能只要 1 分 10 秒。

例如紧揉成球状的高级乌龙茶，若第一道浸泡一分钟即得所需浓度，放置 20 分钟后冲泡第二道，几乎无须等待，冲完水，盖上壶盖，就可以将茶汤倒出。如果前一道茶汤未完全倒干，留下来的茶汤也会影响下一道茶的浓度。

除受间隔时间长短的影响外，还要考虑再度冲泡时水温的变化、茶叶中可溶物含量的多少以及可溶物溶解速度的快慢等因素。

这一泡对下一道茶的影响。这一泡太浓了，已将茶叶的可溶物溶出太多，所以下一泡应比正常用更多的时间，否则会太淡。反之，如果这一泡太淡了，表示有更多的可溶物尚留在茶叶内，所以下一泡浸泡的时间应比正常时更短。

五、保持良好的心态

绝大多数茶友可能都有这样的经验:保持良好的心态才能泡出好茶,心态不好的时候泡不出好茶。著名茶艺专家赵英立老师就有以下建议。

(一)谦逊平和

谦逊、平和永远是泡茶、品茶的首要心态。心浮气躁、骄横无礼的人绝对泡不好茶、品不好茶。所以我们学茶艺时,要随时保持谦逊平和的心境,只有这样,微笑才是真诚的,动作才是轻盈优美的。

(二)不要患得患失

有的人在泡茶时没有自信,总担心自己的茶是不是泡坏了。其实越这样,越难泡好茶。当你坐在泡茶的位置上,就要坚信自己是最好的茶艺师,要把全部的精神贯注到泡茶的过程中,忘掉其他的一切,这是泡好茶的前提。

(三)不要有尊卑观念

茶面前人人平等,这是茶人要恪守的一个原则。在茶室里只有主客,没有尊卑;只有礼仪,没有地位差异。泡茶人无论对面坐的是什么人,你都是主人,所以分茶时只能按一个方向(顺时针或逆时针)依次序倒茶。这种心态是泡好茶的必备条件。

(四)不要存功利色彩

茶艺、品茗是高雅的事,其根本是要净化心灵,感悟人生真谛,切忌将世俗的功利色彩带入泡茶的心境。如泡茶时想着做生意、拉关系,肯定是泡不好茶的。泡茶时要努力做到无人无我,无茶无我,进而参悟茶道,乃至追求天人合一的境界。

(五)入尘不染(冲泡后)

"尘"指尘世,现实社会。"染"指被污染。品茶泡茶过后,我们从品茶泡茶的境界终究要回到功利世俗的现实生活中来,愿我们品茶泡茶过程中得到净化的心灵能较长时间地保持纯洁。人人如此,我们的世界也会变得更加美好,这是我们品茶泡茶要达到的目标。

六、按照茶性来泡茶

泡茶是茶道的基本功。如果茶都泡不好,如何讲求茶道的艺术与精神?我们要想品到一杯好茶,首先要泡好一杯(壶)茶。泡好茶的意义就是将每一道茶都泡出当时茶叶最佳状况的茶汤,第四道的茶汤质量一定不如第一道,但是我们要将每一道都泡得最好。

首先我们要知道,影响一杯茶的口感的主要因素分三点:一是茶叶的本身品质与级别;二是水的温度;三是茶的浓度。

当茶叶本身的品质与级别不变的话,影响口感的就只剩下水温及冲泡方法了。温度可以影响味蕾对茶汤的感觉，更重要的是，水的温度越高，分子活动越快，扩散也越快，对茶汤的浓度也起到十分重要的作用。茶分子的浓度与茶叶浸泡的时间长短有关系，时间越长，则浓度越高。茶分子的浓度也与投茶量有关系，同比的温度、时间和其他条件下，投茶量越大，茶汤浓度越高。

泡茶时注意掌握好这些方面，学会扬长避短，尽量展现茶的真谛。这也就是我们所谓的“了解茶性，顺应茶性，驾驭茶性”。

要做到“了解茶性、顺应茶性、驾驭茶性”，分以下三个阶段：

第一，我们要了解茶的基础知识，对茶产地、品质特征及冲泡基本手法的掌握，也就是我们从书本所学的理论知识，这也可说是懂得茶性。

第二，了解一些茶的理论知识后，就要学会根据茶的特性进行有选择的冲泡，也就是实践，由此做到顺应茶性。

第三，了解理论后，在实践中不断摸索，很好地将理论与实践相结合，对茶有了更高层次的领悟，知道如何去体现茶的真谛，从而学会驾驭茶性。

第十章　茶的鉴赏与品饮

对许多人来说，"喝茶"与"品茶"是大有区别的。喝茶是将茶当饮料解渴。品茶是注重茶的色香味，是为了追求精神上的满足，重在意境，将饮茶视为一种艺术欣赏。宋徽宗赵佶是一个茶饮的爱好者，他认为茶的芬芳气味，能使人闲和宁静、趣味无穷："至若茶之为物，擅瓯闽之秀气，钟山川之灵禀，祛襟涤滞，致清导和，则非庸人孺子可得知矣。冲澹闲洁，韵高致静……"

一、如何鉴别干茶叶

茶叶质量的高低，不靠仪器，而是靠人的感觉器官来评审，因此要经过长期的实践和锻炼才能掌握。

(一)看色泽

新茶色泽一般都较清新悦目，或嫩绿或墨绿。绿茶以颜色翠碧，鲜润活气为好；炒青茶色泽灰绿，略带光泽。若干茶叶色泽发枯发暗发褐，表明茶叶内质有不同程度的氧化，这种茶往往是陈茶；如果茶叶片上有明显的焦点、泡点(为黑色或深酱色斑点)或叶边缘为焦边，说明不是好茶；若茶叶色泽花杂，颜色深浅反差较大，说明茶叶中夹有黄片、老叶甚至有陈茶，这样的茶也不是好茶。

（二）观外形

各种茶叶都有特定的外形特征，有的像银针，有的像瓜子片，有的像圆珠，有的则像雀舌，有的叶片松泡，有的叶片紧结。炒青茶的叶片则紧结、条直。名优茶有各自独特的形状，如午子仙毫的外形特点是“微扁、条直”。一般说新茶外形：条索明亮，大小、粗细、长短均匀者为上品；条索枯暗、外形不整、甚至有茶梗、茶籽者为下品。细实、芽头多、锋苗锐利的嫩度高；粗松、老叶多、叶肪隆起的嫩度低。扁形茶以平扁光滑者为好，粗、枯、短者为次；条形茶以条索紧细、圆直、匀齐者为好，粗糙、扭曲、短碎者为次；颗粒茶以圆满结实者为好，松散块者为次。

（三）闻香气

科学分析表明，构成茶叶香气的成分有三百多种，主要是醇类、酯类、醛类等特质。它们在茶叶贮藏过程中，既能不断挥发，又会缓慢氧化。因此，随着时间的延长，茶叶的香气就会由浓变淡，香型就会由新茶时的清香馥郁而变得低闷混浊。

新茶一般都有新茶香。好的新茶，茶香格外明显。如新绿茶闻之有悦鼻高爽的香气，其香气有清香型、浓香型、甜香型；质量越高的茶叶，香味越浓郁扑鼻。口嚼或冲泡，绿茶发甜香为上，如闻不到茶香或者闻到一股青涩气、粗老气、焦煳气则不是好新茶。若是陈茶，则香气淡薄或有一股陈气味。无论哪种茶都不能有异味。每种茶都有特定的香气，干香和湿香也有不同，需根据具体情况来定，青气、烟焦味和熟闷味均不可取。

（四）捏干湿

受潮的茶叶含水量都较高，不仅会严重影响茶水的色、香、味，而且易发霉变质。判断新茶足不足干，可取一二片茶叶用大拇指和食指稍微用劲捏一捏，能捏成粉末的是足干的茶叶，可以买；若捏不成粉末状，说明茶叶已受潮，含水量较高，这种新茶容易变质。

（五）鉴别干茶形状专用语

·显毫：茸毛含量特别多。

·锋苗：芽叶细嫩，紧卷而有尖锋。

·身骨：茶身轻重。

·重实：身骨重，茶在手中有沉重感。

·轻飘：身骨轻，茶在手中分量很轻。

·匀整：上中下三段茶的粗细、长短、大小较一致，比例适当，无脱档现象。

·脱档：上下段茶多，中段茶少，三段茶比例不当。

·匀净：匀整，不含梗、籽及其他夹杂物。

·挺直：光滑匀齐，不曲不弯。

·弯曲：不直，呈钩状或弓状。

·平伏：茶叶在盘中相互紧贴，无松起架空现象。

·紧结：卷紧而结实。

·紧直：卷紧而圆直。

·紧实：松紧适中，身骨较重实。

· 肥壮:芽叶肥嫩身骨重。

· 壮实:尚肥嫩,身骨较重实。

· 粗实:嫩度较差,形粗大而尚重实。

· 粗松:嫩度差,形状粗大而松散。

· 松条:卷紧度较差。

· 松扁:不紧而呈平扁状。

· 扁块:结成扁圆形或不规则圆形带扁的块。

· 圆浑:条索圆而紧结。

· 圆直:条索圆浑而挺直。

· 扁条:条形扁,欠圆浑。

· 短钝:茶条折断,无锋苗。

· 短碎:面张条短,下段茶多,欠匀整。

· 松碎:条松而短碎。

· 下脚重:下段中最小的筛号茶过多。

· 爆点:干茶上的突起泡点。

· 破口:折、切断口痕迹显露。

二、茶叶滋味的类型

童启庆教授在《习茶》一书中,将茶叶的滋味分为十四个类型。

(一)清鲜型

清香、味鲜、爽口。鲜味细嫩、制作精工的名优绿茶和红茶都有此滋味。如碧螺春、蒙顶甘露、南京雨花茶、都匀毛尖等。

（二）鲜浓型

味鲜而浓，回味爽口，似吃新鲜水果的感觉。鲜嫩度高，叶厚芽壮，制造及时合理而成。如黄山毛峰、婺源茗眉等。

（三）鲜醇型

味鲜而醇，回味鲜甜爽口。鲜叶较嫩、新鲜，制造及时、揉捻较轻的有太平猴魁、顾渚紫笋等，还有揉捻正常的高级祁红、宜红，均有此种滋味。

（四）鲜淡型

味鲜甜舒服，较淡。如君山银针、蒙顶黄芽等。

（五）浓烈型

有清香和熟板栗香，味浓而不苦，富收敛性而不涩，回味长而爽口，有甜感。凡芽肥壮、叶肥厚，嫩度较好的一芽二三叶，内含物丰富，制造合理的均属此型，如屯绿、婺绿等。

（六）浓强型

味浓厚黏滞舌头，刺激性大，有紧口感。鲜叶采摘适中，内含丰富的良种或大叶种，萎凋程度偏轻，揉切充分，发酵偏轻的红碎茶属此类型。

(七)浓厚(爽)型

有较强的刺激性和收敛性,回味甘爽。原料细嫩,叶片厚实,制造合理。如凌云白毫、南安石亭绿、舒绿、遂绿、滇红、武夷岩茶等。

(八)浓醇型

收敛性和刺激性较强,回味甜或甘爽。鲜叶嫩度好,制造得法。如优良的工夫红茶、毛尖、毛峰及部分乌龙。

(九)甜醇型

鲜甜厚之感。原料细嫩而新鲜,制造讲究。如安化松针、恩施玉露、白毫银针、小叶种工夫红茶等。

(十)醇爽型

不浓不淡,不苦不涩,回味爽口。鲜叶嫩度好,加工及时、合理。如蒙顶黄芽、霍山黄芽、莫干黄芽及一般中、上级工夫红茶等。

(十一)醇厚型

味尚浓,带刺激性,回味略甜或爽。鲜叶内质好,制工正常的绿茶、红茶和乌龙茶均有此味型。如涌溪火青、高桥银峰、古丈毛尖、庐山云雾、水仙、乌龙、色种、铁观音、祁红、川红及部分闽红。

(十二)醇和型

味欠浓鲜,但不苦涩,有厚感,回味平和较弱。如中级工夫红茶、天尖(包括贡尖、生尖)、六堡茶。

(十三)平和型

清淡正常,不苦涩,有甜感。粗老采原料,芽叶一半以上老化。如制茶正常的低档红茶、绿茶、乌龙茶及中下档黄茶、中档黑茶。

(十四)陈醇型

陈味带甜,制造中经渥陈醇化。如普洱茶、六堡茶等。

茶叶的品种繁多,其滋味千差万别,多种多样,而且都是凭感觉器官直觉地感受,很难用文字精确地描述,只能大体而言。所以品茶时要注意细心鉴赏,努力品尝,自然就会感到津津有味,达到心旷神怡的境地。

三、品茶温度的掌握

一般来说,茶汤的温度高时,香气比较活泼,所以无论是欣赏茶干的香或浸泡后叶底的香或茶汤表面发散出来的香,都要趁热。但由于组成香的成分太多、太复杂,有些香在高温时挥发得最旺盛,有些香则要在温度稍降后才表现出来。

香的含量多时,挥发的延续性比较长;香的组合完整时,闻起来比较有立体感。茶香在不同温度下,还会显现不同的类型,这也提供了茶叶质量鉴定的重要参考数据,故有人说:冷了还香的茶,是好茶。

茶香在口腔内还要与茶味再次被享用的,如果把香气排除在外，茶汤就没那么好喝了。茶香在口腔内的感受部位偏向于上颚，所以香气含量多的茶，茶汤咽下后，上颚的感受会存续很久。

至于茶味部分，苦涩味被感受的强弱与汤温的高低成反比，也就是温度高时苦涩味在感受上比较不那么强烈，所以苦涩味强的茶要趁热喝。有些茶的苦味较强，若属品种或茶性使然，其感受部位是偏向于上颚；若属原料或制作不良造成的，其感受部位是在喉头。前者会比较快速地转化而消失，后者会迟迟不散。

当茶汤中的苦味减弱后，甘味会显现出来，就是所谓的回甘或喉韵。甘味在温度稍降后反而感觉清楚，所以苦涩味强时，甘味往往不易察觉，多泡几道，让苦涩味转弱后，即使汤温降低，甘味反而容易显现出来。

由于不同茶类有其应有的特质，也就是有其特有的香气成分，所以有些茶在稍微烫嘴的温度下提供最佳的赏香时机，如冻顶、铁观音、水仙等；有些茶则在适口的温度下表现得最好，如白毫乌龙、白毫银针、白牡丹等。

四、品茶三步曲之一——观汤色

一杯茶在手，在饮用之前，先将茶汤审视一番，好好欣赏一下，是懂得品茶的表现，切勿接过茶杯，未加观察就一口吞下，这样容易被人讥为牛饮。一般来说至少可从三个方面去欣赏：一是观色，二是闻香，三是品味。

(一)茶叶汤色的识别

观色,主要是观察茶汤的颜色和茶叶的形态。汤色,主要是茶叶中的各种内含成分溶解于水中而呈现出茶汤的色泽。

各类茶叶,各具特色,即使同类茶叶也有不同的颜色。如绿茶,其汤色就有浅绿、嫩绿、翠绿、杏绿、黄绿之分,以嫩绿、翠绿为上品,黄绿为下品。红茶有红艳、红亮、深红之别,以红艳为好。同是黄茶,就有杏黄、橙黄之分。同是乌龙茶,就有金黄、橙黄、橙红、橙绿之分。

此外,还要观察茶汤的明亮度,一般来说,凡属上乘的茶品,尽管茶类不同,色泽有异,但汤色明亮有光却是一致的。灰暗的最差,浑浊和沉浊也不好。

(二)茶叶色泽的形成

茶叶的汤色与发酵程度有关。茶叶中的儿茶素本身是无色或浅黄色的,但经过发酵后,就形成了橙黄色的茶黄素和深红色的茶红素。

绿茶的汤色表现为黄绿明亮,这主要是由水溶性色素,如黄酮类物质及其氧化产物、儿茶素类氧化产物等溶于水中形成的。另外还有微量的叶绿素悬浮颗粒,虽不溶于水,但有绿的反光。一般高级绿茶汤色嫩绿,大宗绿茶或鲜叶原料较粗老的绿茶汤色偏黄。

大叶种红茶因其茶多酚、咖啡因等内含物含量较高,茶多酚氧化产物茶黄素、茶红素含量高且配比好,故汤色红艳明亮,叶底红艳或红亮,品质优异。

黄茶的色泽为黄汤黄叶，是由鲜叶经过杀青、烘炒闷黄、干燥而成。其中“闷黄”工序是使叶绿素进一步转化，绿色减少，再加上茶黄素、茶红素、黄酮类氧化色素以及叶黄素等成分，综合形成黄茶的干茶色泽绿黄、叶底色泽嫩黄或黄亮、汤色绿黄带金圈的品质特征。

白茶的外形色泽灰绿，毫心银白，汤色杏黄或浅橙黄，叶底灰绿或黄绿。毫心银亮，是鲜叶经萎凋、干燥而成。萎凋过程实质上是鲜叶失水、细胞汁浓缩、酶活性增强的过程，此时叶内少量的茶多酚氧化聚合生成茶黄素、茶红素以及其他黄、红色素类物质；同时叶绿素在酶的作用下向脱镁叶绿素转化，使叶色由鲜绿向暗绿转化。经过干燥后各种有色物质起协调作用，形成白茶叶面呈灰绿或铁青的色泽，而叶背及芽心则因未经揉捻，白毫遍布未脱落，形成毫心及叶背银白、内质茶汤杏黄或橙黄的色泽特征。

青茶（乌龙茶）的外形色泽为深翠绿、砂绿、乌绿、青褐或金褐等；汤色为蜜绿、金黄、橙黄或橙红等；叶底为翠绿、深绿、黄绿、金褐、或红褐，带红镶边。由于青茶的加工工艺中有萎凋和做青工序，既有类似红茶的萎凋和发酵工序，又有类似绿茶的杀青工序，使青茶的外形色泽既有绿茶的绿色，又有红茶的乌褐色。茶汤色泽介于绿茶与红茶之间，随发酵程度的逐渐加深由绿色向黄色直至红色转变，叶底色泽也从翠绿向黄绿甚至红褐转变，红镶边逐渐明显。

黑茶的色泽是由于鲜叶经杀青后，在抑制了酶的活性的基础上进行渥堆，使多酚类化合物缓慢发生非酶性氧化，同时叶绿素脱镁转化，绿色减少，加上多酚类氧化产物茶黄素、茶红素及黄酮类物质的综合作用，使黑茶叶色由绿变为黄褐或黑褐色，汤色呈橙黄或橙红色。

五、品茶三步曲之二——闻茶香

观色之后，就要嗅闻茶汤散发出来的香气。香气是茶叶开汤后随水蒸气挥发出来的气味。闻香时，用左手端起杯托，右手轻轻地将杯盖掀开一条缝，从缝隙中去闻香。若是无盖茶杯，则右手端起茶杯凑近鼻前，左手朝内轻缓地扇动，以最大限度闻到茶香。嗅闻茶香是品茶最难的环节，需具备一些常识，细心品尝，认真辨认，并经过长期的实践才能掌握。

（一）茶叶香气的辨认

香气首先要纯正无异杂气，以香高而持久为佳。茶叶香气是由多种芳香物质综合组成的，根据不同芳香物质的种类及数量的综合，形成各种茶类的香气特征。如特级祁门红茶的香气应“高鲜嫩甜”，特级碧螺春的香气应“嫩香清鲜”，武夷大红袍的香气应“锐、浓、长或清、幽、远”。而武夷肉桂的香气应“浓郁持久，似有乳香或蜜桃香或桂皮香”。

一般来说，原料细嫩、制作精良的名优绿茶具有清香型（香气清纯，柔和持久，香虽不高但缓缓散发，令人有愉悦感）和嫩香型（香高洁细腻，新鲜悦鼻，有的似熟板栗、熟玉米香气）的香气，有的绿茶还天然带有兰花香。红茶带有苹果香。工夫红茶则带有干果香（枣香、桂圆香）、蜜糖香。祁门红茶具有玫瑰香。武夷岩茶因原料较老含梗较多，制造中干燥时火工足，糖类焦糖化而形成一种火香，包括米糕香、锅巴香等。乌龙茶则属于花香型，散发出各种类似鲜花的香气，花香又可分为清花香和甜花香两种。清花香有兰花香、栀子花香、珠兰花香、米兰花香、金银花香等，甜花香有玉兰花香、桂花香、玫瑰花香等，铁观音、包种、乌龙、水仙、台湾乌龙等茶均属于此两种花香型。

除了辨别香型之外，还要比较香气的纯异、高低、长短。香气的纯异是指所闻到的香气与该品种茶叶应具有的香气是否一致，是否夹杂了其他异味；香气的高低可用浓、鲜、清、纯、平、粗来区分；香气长短即香气的持久性。好茶香气应纯高持久，有烟、焦、酸、馊、霉、异等气味的都是劣质茶。

（二）茶叶香气的形成

茶叶的香气主要来自于茶叶本身，而茶叶本身香气的类型及高低受茶树品种、加工方法以及种茶环境影响，例如武夷肉桂就有类似肉桂香，祁门红茶具有类似玫瑰花香等。

茶叶品种不同，鲜叶中内含物质及其组织结构均有差异，因而其芳香物质的成分与含量也不同。如不同品种的青茶（乌龙茶），具有各自的香气特征。优质铁观音有兰花香，黄旦有蜜桃香或梨香，毛蟹有清花香，肉桂有桂皮香，单丛有黄枝香、花蜜香、芝兰香，冻顶茶有兰花香、乳香交融等。铁观音的“音韵”，是指铁观音品种所特有的香味特征具有与其他品种不同的某些芳香成分，因而具有其他品种没有的韵味。

加工方法也是形成不同香气的重要因素，不同的加工方法，形成茶类不同，其内在香气物质的转化及含量也都不同，因而香型各异。如绿茶香气一般为板栗香、烘烤香或清香，这主要通过高温杀青和干燥工艺形成。高温杀青使鲜叶中大量青草气物质挥发，部分转化为中低沸点的清香型香气物质，同时少量高沸点香气物质显露花香或果香，再经高温干燥后，形成带有烘烤香或板栗香的芳香物质，共同形成绿茶的香气特征。红茶因经过萎凋、发酵过程，鲜叶中的芳香物质经酶促氧化作用、水解作用和异构化作用后，大量转化或挥发，同时经过干燥过程，生成部分高沸点的花香和果香型的芳香物质，使红茶香气呈甜香型。红茶香气的形成比绿茶复杂得多，香气组成成分也比绿茶多近三倍。

但是，鲜叶质地、采制季节和天气条件也是发挥品种香气潜质的重要因素。春季新梢生长一致，鲜叶质地好，匀度好，如果天气晴朗，做青温湿度较易调节，加工工艺能正常发挥，使芳香物质的转化恰到好处，所以春茶香气清纯丰满，品种香气特征明显；夏茶生长参差不齐，多酚类含量高，鲜叶老嫩不匀，加以夏季高温，多酚类酶性氧化加速，做青难以达到适度，故香低味涩。

此外，种茶环境也不容忽视，高山生态条件优良，无污染多云雾的环境有利于茶树体内芳香类物质的累积。

（三）茶叶香型的界定

因为找不到与各类茶相似的物种香气，所以在介绍茶的香气时，只能以香的类型来稍作界定，如菜香、花香、果香、糖香、木香等。不发酵茶是菜香型，轻发酵茶是花香型，重发酵茶是果香型，全发酵茶是糖香型，后发酵茶是木香型。

绿茶的香型是属于“菜香”，像一把蔬菜用开水烫过后的香气，像青菜炒过后的香气，像割草皮后的香气。

如果让茶青轻轻地发酵，如30%以内的发酵，制成的茶就是市面上所称的轻发酵乌龙茶，如铁观音、冻顶乌龙等，香气就会从“菜香”转化为“花香”。

如果让茶青继续加重发酵，如到达百分之六七十左右的程度，茶的香气就会从“花香”转变为“果香”，制成的茶就是市面上看到的所谓白毫乌龙（或称东方美人）。这时的果香是肉果型水果香，如芒果、木瓜之类，有人称它为熟果香。介于上述花香（轻发酵）与果香（重发酵）之间的所谓“中发酵”茶，如果制成后加以一点焙火，如市面上传统型的铁观音、冻顶茶、武夷岩茶等，就会形成一种“坚果香”，如栗子、核桃之类的香。

再继续发酵下去就是全发酵了，制成的茶就是市面上所谓的红茶。这时的香气就会变成“糖香”，是砂糖的香，或麦芽糖的香，所以也有人称作“麦芽糖香”。

另一类茶是正常发酵前先行杀青、揉捻，晒青干燥后再行渥堆或存放，使其产生后氧化，这样制成的茶就是市面上所称的普洱茶（此类茶包括边销砖茶）。这时的香气是从晒青与渥堆或存放产生的后氧化所造成的“木香”。有人说像樟木香，有人说像沉香木香，总而言之是属于木头类的香气。

六、品茶三步曲之三——品茶味

嗅闻茶汤的香气之后，就可品尝茶汤的滋味。

(一)茶汤滋味的品悟

小口喝入茶汤,使茶汤在口腔中稍事停留,这时轻轻用口吸气,使茶汤在舌面流动,以便茶汤充分与味蕾接触,有利于更精细地品悟出茶韵。然后闭紧嘴巴,用鼻腔呼气,使茶香直贯脑门,只有这样才能充分领略茶所独有的茶香与茶韵。

与茶的香气一样,茶的滋味也是非常复杂多样的。不管何种茶叶泡出来的茶汤,初入口时,都有或浓或淡的苦涩味,但咽下之后,很快就口里回甘,韵味无穷。这是茶叶的特殊物质刺激口腔各部位感觉器官(其中最主要的是舌头)的作用。茶叶中对味觉起主导作用的物质是茶多酚(包括儿茶素及各种多酚类物质)、氨基酸,起辅助作用的是咖啡因、还原糖等化合物;红茶中还有茶黄素和茶红素等物质。在不同的条件下,这些物质的含量与组成比例的变化,表现出各种不同茶类的滋味特征。

茶汤入口之后,舌面上的味蕾受到各种呈味物质的刺激而产生兴奋波,经由神经传导到中枢神经,经大脑综合分析后产生不同的滋味感。舌头各部位的味蕾对不同的滋味感受不一样,如舌尖易感受酸味,舌心对鲜味最敏感,近舌根部位易辨别苦味。所以,茶汤入口后,不要立即下咽,而要在口腔中停留,使之在舌的各部位打转,充分感受到茶中的甜、酸、鲜、苦、涩五味,才能充分欣赏茶汤的美妙滋味。

茶汤入口后甘鲜,浓醇爽口,在口中留有甘味者最好。

在储藏过程中,茶中的酚类化合物、氨基酸、维生素等构成滋味的特质,有的分解挥发,有的缩合成不溶于水的物质,从而使可溶于茶汤中的有效滋味物质减少。因此，不管何种茶类，大凡新茶的滋味都醇厚鲜爽，而陈茶却显得淡而不爽。

(二)茶叶滋味的形成

茶叶的滋味是由鲜叶中的呈味物质，经一定的加工工艺适度转化，并经冲泡后溶于茶汤而形成的。鲜叶中的呈味物质主要有多酚类、氨基酸、可溶性糖和咖啡因等，经不同的制造工艺，可形成各不相同的滋味特征。

绿茶滋味是在其加工工艺中，各种呈味物质因湿热水解作用、异构化作用等，使多酚类含量下降，苦涩味减少，氨基酸含量有所增加，茶汤的鲜爽度增强，可溶性糖和水溶性果胶也不断增加，使茶汤甜醇度增强，最后形成绿茶浓醇鲜爽的滋味特征。

红茶由于在制造过程中多酚类物质大量氧化，形成茶黄素、茶红素、茶褐素等氧化产物。其中茶黄素是茶汤刺激性和鲜爽度的决定性成分，茶黄素含量高，则茶汤刺激性强。茶红素是茶汤红浓度和醇度的主体物质，当茶黄素和茶红素的含量高且比例适当时，茶汤滋味浓而鲜爽且富刺激性，是红茶品质好的表现。

另外茶树品种不同，鲜叶中呈味物质的含量也不同，如大叶种茶树品种多酚类、咖啡因含量高，中小叶种多酚类、咖啡因等含量相对较低，而蛋白质、氨基酸等含量较高。因而大叶种品种鲜叶制成红茶，滋味浓强鲜爽，制成绿茶则往往滋味苦涩；小叶种鲜叶制成红茶滋味达不到浓强的要求，但制成绿茶滋味鲜爽醇厚，品质较好。

第十一章　泡茶的环境与礼仪

无论是自己独自品茶，还是泡茶招待客人，都应注重茶道礼仪的修养。可以说，茶道礼仪也是修身养性的一种方式，它有助于陶冶情操、去除杂念，也可表达主人的用心和旨趣。

一、品茶环境要自然

饮茶的环境历来是茶人们很挑剔的内容，但中国茶人追求的是人与自然的和谐，并不像日本茶道那样过于追求宗教的感觉。

朱权(1378～1448)，明太祖朱元璋第十六子，封宁王。自幼聪颖过人，晚年信奉道教，潜心茶道，著《茶谱》。他认为饮茶应当“栖神物外，不伍于世流，不污于时俗。或会于泉石之间，或处于松竹之下，或对皓月清风，或坐明窗静牖。乃与客清谈款话，探虚玄而参造化，清心神而出尘表”。意思是说，品茶之人要神游物外，不与世俗的潮流为伍，不被时尚的风气污染。饮茶之时要择境，或是清泉秀石，或是松青竹翠，或是清风明月，或是几净窗明，然后才能与雅客悠闲地谈话。话题亦要有选择，探究的是老黄玄虚之理，参悟的是天地造化之密，最终达到心神清静，超越凡尘的境界。

对于现代人来说，在自己的生活范围规划出一个恰如其分、自然得体的品茗环境即可，不一定要另行建筑喝茶的场所。整齐清洁的客厅或茶室是最基本的要求，安详宁静的品茗环境，在现代喧嚣杂乱的社会显得更加需要。

二、茶叶茶具要适宜

平常最好多准备几种好茶，自己喝或待客都适宜。一般来说，品质和价格成正比，但要会判断才能买到品质优良、价格合理的茶。茶叶要储存在阴凉干燥的地方，不可暴晒且必须密封。

喜爱喝茶的人，平常总会有几组茶具轮流使用，好的茶叶，好的茶具，再加上熟练的泡茶技术，才能享用一杯好茶。待客时茶具要尽可能整齐一些，若是比较正式的场合，最好配置成套茶具。使用的茶具能表达主人的心意，让客人轻松愉快地享用一杯茶。

不一定要使用名贵的茶壶，但是一定的品质还是需要的。尤其是待客，太粗糙的茶壶还是不适宜。如果是具有艺术性或有来历的茶壶则可增添话题，有益于主宾之间的交流。

把茶壶洗干净，不要有茶垢，这是茶道最基本的要求之一。

泡茶器具齐备，有助于操作顺利。尤其是居家待客，齐全的茶具会让人有慎重恭敬的感觉。

三、服饰要得体大方

泡茶时没有特定的服饰，但为了操作方便及营造气氛，要考虑与泡茶席，尤其是茶具的配合是否得体。

要避免太凸显个人的服饰，整洁大方，适合一般社交礼貌的穿着即可。不要穿宽袖口的衣服，容易勾到或绊倒茶具。

泡茶的时候，穿戴饰物要考虑操作的便利和安全性，简单高雅、稍作妆扮会较合于茶趣。泡茶时不宜佩戴太多、太抢眼的首饰，除非特别设计，否则不容易与茶具、动作配合，反而影响了“泡茶舞台”的美感，所以尽量少带，最好完全不带。尤其是带有链子的手环或手表，还容易将茶具绊倒。胸前的领带、饰物要用夹子固定，免得泡茶、端茶奉客时碰到茶具。

妆饰应以淡雅为原则。尽量避免使用气味太重的香水或化妆品，没有香味最为理想，如果要用的话，也不能太强而干扰茶的欣赏。

泡茶时头发要梳紧，勿使之散落到前面，否则容易不自觉地用手去梳拢它，这样会破坏泡茶动作的完整性，而且容易造成头发的掉落。

双手要保持整洁，因为泡茶时，双手就是舞台上的男女主角。泡茶前的洗手要注意将肥皂味冲洗干净，洗过手后不要摸脸，以免又沾上化妆品的味道。茶是需要洁净环境衬托的，一有异味，很容易在持杯子饮茶时察觉。

四、仪态要祥和自然

交谈要简短，泡茶时尽量不要聊天，应一心一意，专心泡茶。赏茶、闻香时等挪开茶叶后才说话。赏茶时不要以手摸茶，闻香时只吸气，挪开茶叶才吐气。

泡茶时身体坐正，腰杆挺直。两臂与肩膀不要因为持壶、倒茶、冲水而不自觉地抬得太高，甚至身体都歪到了一边。平常要经常训练如何做到动作轻松优雅，神情安详和谐。泡茶时全身的肌肉与心情要放轻松，这样显现出来的泡茶动作才优美，才有一气呵成的感觉。

养成左右手平均操作的习惯，通常以右手拿茶壶倒茶，左手拿水壶冲水，左撇子则相反，这样看来比较匀称。

五、伸掌示意要规范

伸掌礼是茶道中使用频率最高的示意礼，表示“请”与“谢谢”，主客双方都可采用。两人面对面时，均伸右掌行礼对答。两人并坐时，右侧一方伸右掌行礼，左侧方伸左掌行礼。伸掌姿势为：将手斜伸在所敬奉的物品旁边，四指自然并拢，虎口稍分开，手掌略向内凹，手心中要有含着一个小气团的感觉，手腕要含蓄用力，不至显得轻浮。行伸掌礼同时应欠身点头微笑，动作一气呵成。

六、端杯奉茶的礼仪

精心调制的茶，如果能亲切有礼地奉茶，将使饮茶者感觉更为美好。端杯奉茶时，应注意下列几项要领：

第一，茶盘离客人不要太近，以免有压迫感，也不要太远，否则给人不易端取之感。客人端杯时，手臂弯曲的角度小于90度时，表示太近了;手臂必须伸直才能拿到杯子,表示太远了。第二,奉茶时要将奉茶盘端稳,给人很安全的感觉。客人端妥,把茶杯端离盘面后才可移动盘子。

在奉有柄茶杯时,一定要注意茶杯柄的方向是客人的顺手面,有利于客人的手拿茶杯的柄。

此外要留意奉茶的位置,如果从客人的正前方奉茶,不会有什么问题发生,如果从客人的侧面奉茶,就要考虑客人拿杯子的方便性,一般人惯用右手,所以从客人左侧奉茶,客人比较容易用右手拿取杯子。如果您知道他是惯用左手的,当然就从他的右侧奉茶。如果端杯子的手不是太稳,有抖动的可能,可将杯子放在奉茶者的茶盘上,倒完茶再端下来。

首次奉茶时,应该行礼或说:"请喝茶"。再次持茶盅奉茶时,应先倒茶,然后再说"请喝茶"(或行礼)。

七、端杯品茶的礼仪

饮茶是中国的一种传统文化,品茶能体现出一个人的修养。

客人端杯时,小杯单手端取,大杯(如盖碗)双手端取,杯子配有杯托时,连同杯托一起端起来。

端过杯子,将杯子连同杯托交给左手(惯用左手者则对调之),先观赏汤色之美,再从杯托上端取杯子闻香,这时若发现温度太高,将杯子连同杯托移放桌上,等温度稍降后,再取杯饮用。品饮的时候可只取杯,也可以连同杯托一起端取,前者轻松,后者正式。

泡茶者奉完茶,可以由主人或主客带头,大家一起端杯品饮,不一定要有口头上的邀请。应该在最适当的温度下品饮完毕，不应有剩余的茶汤留到下一回的奉茶，如果自己不想再喝，奉茶时就要说明清楚。

品茶时先闻茶香，再饮茶汤，在品味茶水的时候还要小心啜饮，细心地品尝，最好是在每饮一口茶以后，使茶在口中稍微作停留，然后慢慢咽下去感受滋味变化，这样才可以满口生香。一盅茶最好分三次饮，才会显得温文尔雅，千万不要一饮而尽。

如果杯内留有茶渣，量少时，喝完茶汤用纸巾擦掉，量多时，留在杯底，让奉茶者在奉下一道茶时，将之倒掉，如果大家促膝而坐，茶席上就有水盂或排渣孔，应自行将之处理。

被奉了茶，最好有点小动作，以示感激，一般有两种方式：或者以手扶杯，至少要伸一下手，有一个扶杯子的趋势；或者用手指轻击一下桌面（叩指礼）。但都无须刻意，有那么个意思就行了，礼的本质，还在于心。

这里简单提一下，叩指礼是从古时中国的叩头礼演化而来的，叩指即代表叩头。早先的叩指礼是比较讲究的，必须屈腕握空拳，叩指关节。随着时间的推移，逐渐演化为将手弯曲，用几个指头轻叩桌面，以表示谢意。

品饮时有人使用两个杯子，一个叫“闻香杯”，专司闻香，一个叫“品饮杯”，专司饮茶。供茶时是将空的品饮杯先行奉至客人桌上，将泡好的茶汤分倒于闻香杯，端闻香杯奉茶。客人接过闻香杯，将茶倒至品饮杯内，持闻香杯欣赏留在杯内的茶香（称为杯底香），再持品饮杯品饮茶汤。第二道以后的奉茶也是将茶倒于闻香杯内，被奉者再将之倒于品饮杯。

八、常用茶事礼仪介绍

我国是礼仪之邦，待客有很多的讲究，特别是商业待客，如不得当可能会导致合作的失败。茶艺中，以操作等手法表现礼节的地方很多，这就是寓意礼。它体现了中国传统的待客礼节。这里介绍几个最简单的茶事礼仪，供大家参考。

（一）凤凰三点头

“凤凰三点头”是茶艺中的一种礼仪，像是对客人鞠躬行礼，表示对茶客的一种敬意。用手提水壶高冲低斟反复三次，寓意为向来宾鞠躬三次以示欢迎。高冲低斟是指右手提壶靠近茶杯（碗）口注水，再提腕使开水壶提升，接着仍压腕将开水壶靠近茶杯（碗）口继续注水。如此反复三次，恰好注入所需水量即提腕旋转收水。凤凰三点头最重要在于轻提手腕，手肘与手腕平，便能使手腕柔软有余地。所谓水声三响三轻、水线三粗三细、水流三高三低、壶流三起三落都是靠柔软手腕来完成的。手腕柔软之中还需有控制力，才能达到同响同轻、同粗同细、同高同低、同起同落而显示手法精到，结果才会看到每碗茶汤完全一致。

（二）双手内旋

进行回旋注水、斟茶、温杯、烫壶等动作用到单手回旋时，右手必须按逆时针方向、左手必须按顺时针方向动作，类似于招呼手势，寓意“来、来、来”表示欢迎；反之则变成暗示“去、去、去”了。两手同时回旋时，按左手方向动作。

（三）放置茶壶

放置茶壶时，壶嘴不能正对他人，否则表示请人赶快离开。

（四）斟茶酌量

斟茶时只七分即可。俗话说："茶倒七分满，留下三分是情分。"这既表明了宾主之间的良好感情，又出于安全的考虑，七分满的茶杯非常好端，不易烫手。

（五）敬茶姿势

高举齐眉，举起茶杯，低头示意。

第十二章　茶道与佛教的关系

饮茶也如同坐禅一样，冷暖自知，禅道自悟，饮酒多为酩酊大醉，饮茶却能似醉非醉，化天地入茶道。茶道本身就已涵盖了参禅悟道的因素、理念、功能。

一、自古名寺出名茶

佛教于公元前6～5世纪间创立于古印度，约在两汉时期传入中国，经魏晋南北朝时期传播与发展，到隋唐时达到鼎盛时期。

与此同时，中国茶道经历两汉、三国时期孕育发展，被唐宫廷接受，上行下效，使得茶兴于唐、盛于宋。创立中国茶道的茶圣陆羽，自幼曾被智积禅师收养，在竟陵龙盖寺学文识字、习颂佛经，其后又与唐代诗僧皎然和尚结为“生相知，死相随”的缁素忘年之交。在陆羽的《自传》和《茶经》中都有对佛教的颂扬及对僧人嗜茶的记载。可以说，中国茶道从一开始萌芽，就与佛教有千丝万缕的联系。

名山有名寺，名寺出名茶。最早的茶园多在寺院旁，稍晚才出现民间茶园。僧人的一个突出贡献就是种茶，培植名茶。我国的许多古代名茶，最初都是在寺院种植、采摘并加工的。如四川雅安出产的“蒙山茶”，亦作“仙茶”，相传是汉代甘露寺普慧禅师亲手所植，服之可以成仙，唐时一直被列为贡品。北宋名茶水月茶，产自江苏洞庭山，是当地水月院的山僧采制的，据说就是碧螺春的前身。武夷岩茶是福建武夷山一寺院僧侣最早采制的，当地僧侣将不同时节采摘的茶叶，分别制成寿星眉、莲子心和凤尾龙须三种名茶。大方茶是明代的名茶之一，其名得自于皖南歙县一寺院叫大方的僧侣，至今仍有生产。

据《景宁县志》记载：唐朝时浙江景宁已种植茶树。唐懿宗咸通二年（公元 861 年），惠明和尚建寺于南泉山，并在寺周围栽植茶树。此处所产茶叶品质优异，亦因僧名称惠明茶，迄今已有一千一百余年的种植历史。此茶叶芽乳白带淡黄，冲泡后又呈白色，色、香、味俱佳，人称“白茶”、“仙茶”、“兰花茶”。

此外，产于浙江舟山普陀山的“佛茶”、安徽松萝山的“松萝茶”、云南大理感通寺的“感通茶”、浙江天台山万年寺的“罗汉供茶”、浙江杭州法镜寺的“香林茶”等，都是最初产于寺院中的名茶。实际上，佛教的茶文化大大促进了中国茶产业的发展。

随着茶在寺院的发展，茶的各项功能逐渐被发现和利用，僧人们越来越讲究饮茶之道。寺院内设有“茶堂”，是专供禅僧辩论佛理、招待施主、品尝香茶的地方；法堂内的“茶鼓”是召集众僧饮茶所击的鼓。另外寺院还专设“茶头”，专管烧水煮茶，献茶待客，并在寺门前派“施茶僧”数名，施惠茶水。寺院中的茶叶，称作“寺院茶”，用来供佛、待客、自奉。于是，在僧人中出现了一批制茶、烹茶、品茶的高手。

二、佛教与茶道的关系

（一）佛教与茶的关系非常密切

从茶味之中悟出很多活泼生动的禅机，是很值得细细品味的。佛教因为要坐禅修行，所以茶就成为提神醒脑、防止睡眠的最佳饮料。

禅，梵语作“禅那”，意为坐禅，静虑。禅宗主张以坐禅修行的方法“直指人心，见性成佛，不立文字”。佛教对坐禅方法有严格规定，要求坐禅者必须息心静虑，节制饮食，头正背直，不动不摇，不委不倚，更不能卧床睡眠。

与陆羽同时代的封演，著《封氏闻见记》载：“南人好饮茶，北人初不多饮。开元中，泰山灵岩寺有降魔师大兴禅。教学禅，务于不寐，又不夕食，皆许饮茶。人自怀挟，到处煮饮，从此传相仿效，遂成风俗……”这不仅说明了坐禅和饮茶的密切关系，也说明禅宗对茶传播的作用。由此可见，唐玄宗时茶已被佛家用于传教，且茶与禅之间关系密切。

借茶伏睡魔的做法延续到后世。清代高僧金田于光绪九年（公元1883年）到湖北远安鹿苑寺讲法时，写下赞赏鹿苑茶的诗文，此诗至今还刻在鹿苑寺的石碑上：

山精石液品超群，一种馨香满面薰，
不但清心明目好，参禅能伏睡魔军。

(二)佛教对茶道的贡献

由于秘藏了一千一百多年的唐代宫廷茶具在法门寺重见天日,学术界认为唐代实际存在着宫廷茶道、僧侣茶道、文人茶道等多元化各具风格的茶道,从而论证唐代茶文化的博大精深,辉煌璀璨,这是学术界研究的一个突破性进展。但在三种茶道中,僧侣茶道是主要的,其魅力和影响力都超过另两种茶道。

(1)高僧们写茶诗、吟茶词、作茶画,或与文人唱和茶事,丰富了茶文化的内容。

(2)佛教为茶道提供了“梵我一如”的哲学思想及“戒、定、慧”三学的修习理念,深化了茶道的思想内涵,使茶道更有神韵。特别是“梵我一如”的世界观与道教的“天人合一”的哲学思想相辅相成,形成了中国茶道美学对“物我玄会”境界的追求。

(3)佛门的茶是为茶道发展的表现形式提供了参考。郑板桥有一副对联写得很妙:“从来名士能评水,自古高僧爱斗茶。”佛门寺院持续不断的茶事活动,对提高茗饮技法,规范茗饮礼仪等都大有帮助。在南宋开禧年间,经常举行上千人大型茶宴,并把饮茶规范纳入了《百丈清规》,近代有的学者认为《百丈清规》是佛教茶仪与儒家茶道相结合的标志。

三、佛教的茶礼

佛教寺院不仅种植茶树,而且茶事也成为佛寺日常活动的一个重要组成部分。

佛教的茶礼始于魏晋南北朝(公元220～589年)。在许多名寺大庙里,都设有茶堂或茶室,是专供禅僧辩论佛理、招待施主、品尝香茶的地方。寺院还设有种茶僧、制茶僧专门管理种茶和制茶,设“茶头”专管烧水煮茶、献茶待客。寺院中的茶叶称“寺院茶”,一般用来贡奉佛祖,招待施主,最后是自用。据五代毛文锡《茶谱》载,觉林院用茶的规格不同,他们一般用上等茶来供佛,用中等茶来招待客人,下等茶自用。寺院茶按照佛教规矩有不少名目,每日在佛前、堂前、灵前供奉茶汤称“奠茶”,按照受戒年限的先后饮茶称“戒腊茶”,化缘乞食得来的茶称“化茶”,平时住持请全寺僧侣吃茶叫“普茶”等。

到了唐朝随着佛教禅宗的盛行,佛门尚茶嗜茶之风也更加普及。寺院茶礼包括供养三宝(佛、法、僧)和招待香客两大方面。

到了中晚唐,百丈怀海和尚制定了《百丈清规》,使寺院茶礼更加规范化。《百丈清规》分上、下两卷,计有九章。《百丈清规》是中国禅宗的一面旗帜,也是中国禅宗历久不衰的一个法宝。

《百丈清规》中有大量的茶礼史料,几乎所有的法要仪礼应接管待里,一定有奠茶、上茶、点茶、吃茶、会茶、讲茶的记载,也就是强调几乎所有的寺院活动都要使用茶礼。其中有三十九条茶汤并称,占19%以上;此外与茶关联的项目还有四十九条占24%,另有十一条在与茶汤并称的同时再独立行茶;有四十二条提及汤礼,茶汤并称有十三条,同时强调使用茶礼、汤礼的有七条,十七条与茶礼并行,单独涉及汤的项目有十一条超过5%。涉及茶、汤的条目共有九十九条,占所有条目的近49%。反映了茶礼在佛教礼法规矩中的地位。后来的僧人重编了《百丈清规》,称为《敕修百丈清规》。

四、茶禅一味的思想基础

(一)茶禅一味的内涵

在茶事活动中,茶道与佛教之间找到了越来越多的思想内涵方面的共通之处。一批高僧大德终于将茶道与参禅交融到一起,从此开创了“茶禅一味”的新局面,这一局面的出现无论是为参禅者还是为品茶者都开拓了一条宽广的道路。首先完成这一转变的当属唐代的诗僧皎然。

陆羽对茶的物质属性做了全面的总结,并第一次将茶的养生作用从正反两个方面做了系统的表述;而他的方外忘年交皎然禅师则深刻地揭示了茶的精神属性,并将茶的养心作用做了最完美的描述。正是这一僧一俗共同奠定了中国茶文化的基础。

皎然,字清昼,姓谢氏,湖州(今属浙江)人,居乌程县杼山妙喜寺。他是南朝著名山水诗人谢灵运十世孙,初学儒,后修道,最后皈依佛门。皎然佛法精深,文章隽永,更以诗歌与诗歌理论见长。他懂茶、爱茶,所以与陆羽一相识即结为忘年之交。由于他修习的是禅宗的“心地法门”,很讲究心性的修养,故而对茶的养心作用尤为重视。他在《饮茶歌诮崔石使君》唱道:

一饮涤昏寐,情来朗爽满天地。

再饮清我神,忽如飞雨洒轻尘。

三饮便得道，何须苦心破烦恼。

茶饮一碗即可涤去昏昏欲睡的感觉，心情开朗，天地之间一片光明。茶饮两碗已如初春的细雨，轻轻压下纷乱的思绪。茶饮三碗时道已证、集已断、苦已灭，烦恼自是不在了，何须再苦苦寻找破除烦恼的方法？

茶成为禅事活动中不可分割的一部分，最深层的原因当然在于观念的一致性，即茶之性质与禅悟本身融为一体。茶如果只像开水一样仅是解渴，只像咖啡一样仅是提神，断不能由单纯的物质成为文化的载体。在禅林公案中，茶与佛教的开悟顿悟相通达，终于发生了根本性的转变。

（二）禅茶一味的思想基础

茶与佛教的最初关系是茶为僧人提供了无可替代的饮料，而僧人与寺院促进了茶叶生产的发展和制茶技术的进步，进而在茶事实践中，茶道与佛教之间找到了越来越多的共通之处。

一曰“苦”。佛理博大无限，但以“四谛”为总纲。

释迦牟尼成佛后，第一次在鹿野苑说法时，谈的就是“四谛”之理。而“苦、集、灭、道”四谛以苦为首。人生有多少苦呢？佛以为，有生苦、老苦、病苦、死苦、怨憎会苦、爱别离苦、求不得苦等等，总而言之，凡是构成人类存在的所有物质以及人类生存过程中精神因素都可以给人带来“苦恼”，佛法求的是“苦海无边，回头是岸”。参禅即是要看破生死观、达到大彻大悟，求得对“苦”的解脱。

茶性也苦。李时珍在《本草纲目》中载：“茶苦而寒，阴中之阴，最能降火，火为百病，火降则上清矣。”从茶的苦后回甘，苦中有甘的特性，佛家可以产生多种联想，帮助修习佛法的人在品茗时，品味人生，参破“苦”谛。

二曰“静”。茶道讲究“和静怡真”，把“静”作为达到心斋坐忘的必由之路。佛教也主静。佛教坐禅时的五调（调心、调身、调食、调息、调睡眠）以及佛学中的“戒、定、慧”三学也都是以静为基础。可以说，静坐静虑是历代禅师们参悟佛理的重要课程。在静坐静虑中，人难免疲劳发困，这时候，能提神益思克服睡意的只有茶，茶便成了禅者最好的“朋友”。

三曰“凡”。日本茶道宗师千利休曾说过：“须知道茶之本不过是烧水点茶。”此话一语中的。茶道的本质确实是从微不足道的平凡生活中去感悟宇宙的奥秘和人生的哲理。禅也是要求人们通过静虑，从平凡的小事中去彻悟大道。

其四曰“放”。人的苦恼，归根结底是因为“放不下”，所以，佛教修行特别强调“放下”。佛说的“放下”，不是指放下工作，放下生活，而是指心态的转变。将妄想、分别、执著都放下，这样就有了“无住”的平常心，这样工作和生活也就都能拿得起，放得下。虚云法师说：“修行须放下一切方能入道，否则徒劳无益。”放下一切是放什么呢？内六根，外六尘，中六识，这十八界都要放下，总之，身心世界都要放下。放下了一切，人自然轻松无比，看世界天蓝海碧，山清水秀，日丽风和，月明星朗。品茶也强调“放”，放下手头工作，放下外界社会和自己强加在心头的荣辱、得失、悲喜以及各种心事，让心灵空朗澄静。偷得浮生半日闲，放松一下自己紧绷的神经，放松一下自己被囚禁的心性。只有这样，才能通过品茶来品味人生。只有这样，才能在品茶过程中悟出茶禅一味的茶道真谛。演仁居士有诗最妙：

放下亦放下，何处来牵挂？

作个无事人，笑谈星月大。

五曰"生心"。放下妄想执著，求得自我解脱，只能算是小乘佛教。小乘佛教看世界是痛苦烦恼的世界，看人生是悲惨罪恶的人生，因此一心追求清净寂灭的涅槃世界。仅仅实现这一点，对茶人来讲显然是不够的。茶人更追求大乘佛教，在"无住"之后，还要"生心"。生心是指见诸法真相，在自性清净后生起的真诚心、平等心、正觉心、随喜心、慈悲心。"无住"是破，"生心"是立。在所生诸心中，对茶道而言慈悲心最重要。"慈"是博爱，是给人以温暖，我们要用博爱之心来关爱世间万事万物；"悲"是怜悯，是使人脱离苦难，我们要用真诚之心怜悯体贴天下众生。

做到"无住生心"，不仅能使自己放下心中的重负，了无挂碍地享乐生活，而且自然会念念行善，真正做到"恒顺众生、随喜功德"，这才是人生幸福快乐的源泉。

茶人要生"随喜心"，就是不但不嫉妒，相反，看到别人的善行、善事、成功都能够生随喜心，能真心实意地"成人之美，成人之善"。佛教教世人生随喜心，正是为了让生心者自己也更加幸福快乐。你有了随喜心，把念头一转，别人有多大成就，你就有多大成就。你把别人的喜事都变成了自己的喜事，天天都生活在随喜心之中，自然会感到"日日是好日"。

所以说，"茶禅一味"不重在看书或背诵理论知识，而是重在个性体验，如人饮水，冷暖自知。要真正明白什么是“茶禅一味”，赵朴初先生说得最好：

七碗受至味，一壶得真趣。
空持百千偈，不如吃茶去。

五、“茶禅一味”域外生辉

阐述茶与禅的关系，将茶禅一味的思想贯彻得最入微的可能是日本人了。

从村田珠光(1423～1502)创设“四叠半”的茶室开始，以禅的精神作为前导的饮茶方式就密切结合在一起。珠光还说学习茶道最忌讳的事，就是“存在于内心之中的我慢我执”。

村田珠光生于奈良，是一休的弟子，日本茶道创始人。他在晚年时，成为将军议政的茶道老师，一次将军议政询问珠光何为茶道大意，珠光答道：

一味清净，法喜禅悦，赵州知此，陆羽未曾至此。人入茶室，外却人我之相，内蓄柔和之德，至交接相之间，谨兮敬兮清兮寂兮，卒以及人下泰平。

村田珠光为茶道所确立的禅的指南一直被继承为日本茶道思想的核心，也就是“和敬清寂”。从文中不难看出，他对我国茶圣陆羽的评价并不高，认为只有从谂禅师达到了茶道的最高境界。村田珠光从茶禅结合的角度出发，所以他的评论是有道理的。

日本僧人从中国学习佛法的同时也学习了茶道，并将两者完美结合后总结出“和敬清寂”的日本茶道思想。“人入茶室，外却人我之相，内蓄柔和之德”，清楚表述了茶道中破“我法二执”的思想。

集日本茶道大成的千利休(1522～1591)，在其传书《南方录》中开宗明义地指出：“小茶席的茶道，最重要的是秉持佛法，进德修业，以求悟道，而住豪华的家园，吃珍奇的美味等种种享受，所获得的快乐，只是世俗的、官能的而已。其实住屋只要不漏水，能挡风避雨，吃饭但求不饿的程度也就够了。这种心得是佛陀的教示，也是茶道的本意。”

千利休的高足山上宗二(1544～1590 年)的茶书《山上宗二记》是一本记有“名物目录”和“利休茶道”的书。记载着：“茶道是从禅宗而来的，同时以禅宗为依归，专门作为禅僧的行为准则，珠光、绍鸥都是禅宗的门徒。”又说：“道陈、宗易都以禅法为着眼点。”

贯彻茶禅一味的思想最彻底的可能是千利休的孙子千宗旦了。千宗旦在其《茶禅同一味》的著述中，提到如何借由茶事修行求得自性的工夫时，说了以下一段话：

借由茶事求得自性的功夫，没有别的方法，只在于集中意志力，一心使用茶器而进入三昧的境界。例如使用茶勺的时候，就专心致志地贯注精神在茶勺上面，而不要有其他的念头。若要放下茶勺，也要以同样深切的心来将之放好。使用其他的器具也是一样的态度。再者，使用的器物放妥之后，缩手之际，精神不可松散，仍以同样的心情，转移到下一个使用的器物。点茶如能随着器物的变化，精神仍能持一不变，连贯一气，绵绵不绝，就是深得点茶之三昧了。

六、茶道常用禅语

(一)无

"无"是历史上禅僧常书写的一个字,也是茶室中常挂的墨宝。"无"不是世俗所说的"无",而是超越了世俗认为的"有"、"无"之上的"无",是佛教的世界观的反映。讲到"无",不能不提起五祖传道的典故。禅宗五祖弘忍在传授衣钵前曾召集所有的弟子门人,要他们各自写出对佛法的了悟心得,谁写得最好就把衣钵传给谁。弘忍的首座弟子神秀是个饱学高僧,他写道:

身是菩提树,心如明镜台。

时时勤拂拭,莫使惹尘埃。

弘忍认为这偈文美则美矣,但尚未悟出佛法真谛。而当时寺中有一个烧水的小和尚叫作慧能的也作了偈文道:

菩提本无树,明镜亦非台。

本来无一物,何处惹尘埃。

五祖弘忍认为"慧能了悟了",于是当夜就将达摩祖师留下的袈裟和铁钵(衣钵)传给了慧能,后来慧能便成了禅宗六祖。慧能的了悟在于他参透了佛教三法印,明白了"诸性无常,诸法无我,涅槃寂静"的真理。只有认识到世界"本来无一物",才能进一步认识"无一物中无尽藏,有花有月有楼台"。茶学界普遍认为,只有了悟了"无"的境界,才能创造出"禅茶一味"的真境。"无"是茶道艺术创作的源泉。

(二)吃茶去

这是一句禅林法语，最早出自唐赵州从谂和尚之口，后来成为禅宗悟道的一句机锋语。据《五灯会元》记载，唐代赵州高僧从谂禅师问一新来的僧人："曾到此间乎？"答："曾到。"从谂禅师说："吃茶去！"又问一僧，答："不曾到。"从谂禅师说："吃茶去！"后院主问："为何到也吃茶去，不曾到也吃茶去？"从谂禅师又说："吃茶去！"从谂禅师对三个人均以"吃茶去"作答，正反映了茶与禅心的默契，其意在消除人的妄想，即所谓"佛法但平常，莫作奇特想"，不论来或没来过，或者相不相识，只要真心真意地以平常心在一起"吃茶"，就可进入"茶禅一味"的境界，正所谓"唯是平常心，方能得清静心境。唯是清净心境，方可自悟禅机"。

(三)一期一会

"一期一会"是茶道很重要的一个理念，它脱胎于佛教的因缘观和广结善缘的思想，后来发展成为茶会的准则。"一期一会"的思想要求茶人从心里明白，人与人之间的每一次相聚都是一生中的唯一，都不可能再重复，因此要彼此珍惜。主人在事前要为相聚做好精心的准备，在相聚时要真诚待客、真心沟通，尽量让朋友满意。佛教"广结善缘"的思想与实践，团结了广大信众，使佛教香火鼎盛。茶道则把"一期一会"的思想作为为人处世的法宝，在茶事活动中珍惜每一日结的缘，重视与每一个人的缘，从而使茶道精神发扬光大。

日本茶道界也十分强调"一期一会"。日本茶人认为，"一期"

代表人的一生,"一会"意味着仅有的、唯一的一次相会。尽管茶人之间可能有无数次相会,但每一次都不可能重复,因此,每次相会都要全身心地享受眼前的这碗茶。

(四)直心是道场

茶道界把茶室视为修心悟道的道场。"直心是道场"这一禅语典出《维摩经·菩萨品第四》。据该经记载:有一天光严童子为寻求适于修行的清静场所,决心离开喧闹的城市。在他快要出城时,正巧遇到维摩诘居士。光严童子问维摩诘居士:"你从哪里来?""我从道场来。""道场在哪里?""直心是道场。"听到维摩诘居士讲"直心是道场",光严童子恍然大悟。既然"直心是道场",那么又何必要离开这喧闹的城市去四处寻找清静的修身之地呢?

"直心"即纯洁清净之心,是抛弃一切烦恼、一切妄念,纯一无杂之心。有了"直心",在任何地方都可以修道;若无"直心",就是在最清净的深山古刹中也修不出正果。维摩诘也称为维摩,是与佛祖同时代的著名居士,他妻妾众多,资财无数,一方面潇洒人生,游戏风尘,享受世间富贵,一方面又精悉佛理,崇佛向道,修成了救世菩萨,在佛教界被喻为"火中生莲花"。

茶道认为现实世界即理想世界。求道、证道、悟道应像维摩诘一样在现实生活中进行,解脱也只能在现实生活中去实现。维摩诘所说的"直心是道场"是茶人喜爱的座右铭。

(五)平常心是道

"平常心是道"这一禅语出自《五灯会元》卷四。赵州从谂禅师在其修行之初曾问师父南泉普愿：

“如何是道？”

“平常心是道。”

“平常心是道”后来广为流传，成为千古名言。“平常心”是指把“应该这样做，不应该那样做”等，按世俗常规去办事的主观能动之心彻底忘却，而保持一颗毫无造作、不浮不躁、不亢不卑、不贪不嗔的虚静之心。

这则公案的含义十分丰富，茶道和禅宗一样，通过提倡“平常心是道”来强调随性适意，安闲无为，应缘投物，随机应变。开悟顿悟自然是高境界，而具备平常心则是更高的境界。平常心的养成是和茶禅一味相和谐、相协调的。何谓“平常心”呢？即“遇茶吃茶，遇饭吃饭”，平常自然，全凭自家，若是忽地心花开发，便打通一片新天地。“唯是平常心，方能得清净心境，唯是有清净心境，方可自悟禅机。”

日常生活中处处有禅，事事是道。我们提倡“平常心是道”，还体现了禅宗与茶道对解放人性的追求，以及直面声色世界，用心去拥抱大自然的现实态度。

(六)万古长空，一朝风月

这句话典出于《五灯会元》卷二。有一次有僧人问崇慧禅师：“达摩祖师尚未来中国时，中国有没有佛法？”崇慧说：“尚未来时的事暂且不论，如今的事怎么做？”僧人满头雾水，莫明其妙，又问：“我实在不领会，请大师指点。”崇慧禅师说：“万古长空，一朝风月。”

意思是长空万古永存，风月朝朝不同。隐指佛法与天地同存，不依达摩来否而变，而禅悟则是每个人自己的事，应该着眼自身，着眼现实，着眼当前，而不管达摩来否。

（七）横眠竖坐

“横眠竖坐”典出于《五灯会元》卷十一。蕴聪禅师嗣法于首山省念禅师，达到大悟后住襄州谷隐山传道说法。有一天一个僧人问他：“什么是道？”蕴聪禅师回答：“车子碾，马儿踏的就是道。”来僧又请教：“什么是道中人？”禅师答：“倒着睡，竖着坐的就是道中人。”

这个典故与千利休的茶道即“烧水点茶”是同一个境界。“横睡竖坐”是人的固有习性。求道即是随缘任运，破除“我执”与“法执”。达到人性的彻底解放，获得完全的自由，无拘无束地做到横着睡，竖着坐。“道”在平平常常的日常生活中，获得了人性解放的人即道中人。

（八）月印千江水

“月印千江水”典出于《五灯会元》卷十四，这个典故反映了悟道成佛的心路。

有个僧人问道隐禅师：“什么是成佛之路？”禅师答：“神妙地指示着人的灵机的，就是那碧波澄澈的秋水中映现着的月亮。”僧人又问：“三家同时来邀请，不知去谁家才好？”道隐禅师回答：“月印千江水，门门尽有僧。”禅宗精神和茶道义理一样，好比月印千江水，普照大千世界，谁悟了它，谁就能“见性成佛”。

苏州虎丘云岩绍隆禅师的一偈，也是他对修禅悟道的相似感受。偈云：

百鸟不来春又暄，凭栏溢目水连天。

无心还似今宵月，照见三千与大千。

(九)不如抛却去寻春

这个故事典出于《柳亭诗话》。宋代理学家朱熹写了首诗：

川原红绿一时新，暮雨朝晴更可人。

书册埋头何日了，不如抛却去寻春。

陆象山听到这首诗高兴地说："元晦(朱熹字元晦)到现在总算是觉悟了!"禅宗认为，对禅的追求，不应当把自己关在书斋或埋在古籍中，而应当到大自然中去。中国茶道特别崇尚亲近自然，观照自然，顺应自然，回归自然。因为大自然的一切都是佛理智慧的显现，"青青翠竹，尽是真如(佛法的真谛)；郁郁黄花，无非般若(佛的无量智慧)"。

对于禅者和茶人，大自然永远具有无可替代的魅力，无论花开花落，月缺月圆，也无论春日燕语，夏夜蛙鸣，大自然总能用它的声色启迪人的灵性。

(十)青山不碍白云飞

这个典故出于《五灯会元》卷三。有个僧人问河南紫玉山的道通禅师："怎样才能够从三界中解脱出来?"道通禅师不回答而反问："你在里边已待多少时间了?"僧人又问："究竟如何解脱?"禅师说："青山不碍白云飞。"佛教把世俗世界划分为欲界、色界和无色界，超脱三界才能超脱生死轮回，达到“涅槃”的境界。道通禅师把“青山”比作三界，而众生如白云，只要白云想飞，青山是阻碍不了的。

（十一）日日是好日

“日日是好日”典出于《云门广录》卷中，《碧岩录》亦有载，其大意是：有一次上堂时，妙总禅师说：“云门文偃曾对弟子说：‘十五号以前暂且不问，十五号以后的日子怎样，请每人都说一句。’没等众人回答，他自己就说：‘日日是好日。’”

我们应怎么破解云门禅师这句话里蕴藏的妙理禅机呢？首先，在我们凡人看来，人生应当是让人快乐的，所以会有趋乐避苦的心理，都喜欢享受快乐而害怕悲苦。而在大彻大悟的禅师看来，人生是让人品味的，酸甜苦辣、悲欢离合、喜怒哀愁都是人生的百味，都值得去体验、去玩味，而非仅仅体验甜蜜和快乐。所以，对待痛苦和悲离这些凡人不愿接受、但确是人生无法逃避的组成部分，他们也能用一颗平常心来看待。

其次，普通人的喜怒哀乐不过是对某一时间发生的某一具体事件的感受，这种感受是粗浅的、表面的，而在禅师看来，喜悦与忧虑相对，苦与乐只是一念之差，人不能决定天气的阴晴，却可以选择心情的悲喜。虽然他们也有悲苦，但是味道只是如同浓茶之苦，而有别于凡人的黄连之苦。

再者，常人所感受到的苦打上了社会价值观的烙印，所表现出的怒、哀是给别人看的，而禅师是依本心自性生活，无需装模作样，所以能坦然地面对一切，所以“日日是好日”。

“日日是好日”是说日子过得好与不好，不是绝对的，常常是一个人的心境问题、认识的角度问题。我们如果懂得了这个道理，如果懂得改变一种人生态度，换一个视角看人生的苦难，我们往往就能获得生命的新意，和对生活的一种全新的理解。

宋代无门慧开禅师有诗云："春有百花秋有月，夏有凉风冬有雪，若无闲事挂心头，便是人间好时节。"这首诗告诉我们，只要有一颗平常心、旁无杂念，放下一切执著，就会感到生活年年是好年，月月是好月，日日是好日，时时是好时。春有百花，秋有圆月不错，夏有凉风，冬有雪景也很好；"晴天时，则爱晴；雨天时，则爱雨；有乐趣时，则快乐，没乐趣时，也快乐"，这绝对是快乐的境界。

有了"日日是好日"的心境，心灵上就会无牵绊，心胸就会无限扩展，不好的事情也不会对他构成障碍，以这样的心态去生活当然会"日日是好日"。弘一法师李叔同曾阅尽人间春色，看破红尘出家后，他转换心态，"所见无不是花，所思无不是月"，用平常心去应对一切，菜做得太咸是好的，雨天有木屐是好的，破毛巾也是好的，正体现了清静淡泊顺乎自然的禅者之境界。

当然，也只有活在当下，即清醒地意识到我们活在此时此地，把握住"今日是好日"，才能达到"日日是好日"。佛讲："生命就在呼吸之间"。当下可能是人可以好好生活的唯一一刻。一行禅师有一首《喝茶》偈：

手捧茶杯，保持正念。

身心安住，此时此刻。

(十二)其他常用禅语

看脚下!

柳绿花红。

独坐大雄峰。

春来草自青。

云在青天水在瓶。

永夜无风月独清。

摘茶更莫别思量。

天共白云晓,水和明月流。

山花开似锦,涧水湛如蓝。

行到水穷处,坐看云起时。

掬水月在手,弄花香染衣。

竹影扫阶尘不动,月穿潭底水无痕。

竹密不妨流水过,山高那阻野云飞。

春风大雅能容物,秋水文章不染尘。

七、日本茶室常用禅语

中国茶艺和日本茶道的茶室都少不了要配置禅语书法挂件,我们特地在日本茶室常用禅语中选取以下禅语,以供读者参考。

(一)一字

一　圆　无　游　梦　静　闲　寂　真　默　喝

（二）二字

洗心　无心　残心　无为　如是　好日　汲古　行云
清风　松风　知足　真如

（三）三字

一味真　一炷香　吃茶去　莫妄想　破草鞋　破沙盆
放下着　虚其心　在眼前　波万波　天无私　一壶天
德不孤　雪月花　看脚下　思无邪　无宾主　无寒暑

（四）四字

一期一会　溪声山色　钓月耕云　松老云闲　枯木龙吟
下载清风　唯吾知足　以和为贵　夏炉冬扇　寂然不动
即心是佛　花看半开　照顾脚下　万古清风　万法归一
道无古今　一口吞尽　咏花吟月

（五）五字

日日是好日　红炉一点雪　无心归大道　无事是贵人
平常心是道　清流无间断　松无古今色　竹有上下节
本来无一物　别是一壶天　清风来故人　清风拂明月
乐在一碗中　一滴如大海　室闲茶味清　茶逢知己吃
鹤舞千年松　室内一盏灯　无山不带云　云静日月正

（六）六字

月在天水在瓶　云悠悠水潺潺　君子千里同风　南山云北山雨
蓬莱山在何处　烟霞不遮梅香　一花开天下春　德不孤必有邻
忍是安乐之道　南无阿弥陀佛

（七）七字

万壑松风供一啜　吃茶吃饭随时过　一日清闲一日福
春有百花秋有月　满堂和气生嘉祥　一口吸尽西江水
不风流处也风流　白云断处家山妙　深草闲居夜雨声
风露新香隐逸花

第十三章　茶道与道家的关系

在万千植物中，唯独茶和高深莫测的“道”联系在一起，谓之“茶道”。茶就像汉字独源于中国，其影响却遍及世界。作为普普通通的植物饮品，为什么茶会有那么大的历史影响，会上升到文化、会和修炼的“道”联系在一起？究其原因，“茶”确实隐含着高深的“道法”在里面。《神农本草经》曾有记载：“神农尝百草，日遇七十二毒，得茶解之，”这似乎是说茶能解众毒。可事实上茶叶本身并没有这样的功效，根本就不是中草药，在解毒上它远远比不上绿豆。那么为什么要赋予它“药”的内涵呢？“茶”在唐代以前为“荼”，西汉壶居士在《食忌》中说：“苦荼，久食羽化。”什么是羽化？羽化就是指修道成仙。显然，“茶”的根本内涵就是指修炼。“久食羽化”也就是指坚持不懈的修到底就能圆满有成、羽化成仙，实际就是脱离三界，成为宇宙高级生命。那么“茶解七十二毒”当然也就是指用修道的法理指导人祛除一切不好的思想，成为纯净、高尚的生命。这对于世上的生命来讲，显然也就是治病救人的内涵。“道”是高深莫测的，因为道就是宇宙的法理；“茶”所体现的也绝非是各种口味层面的饮品那么简单。

从自然和宇宙观方面，中国茶文化接受老庄思想甚深，这又为茶人创造饮茶的美学意境提供了源泉。

一、道家与道教

道家与道教是两回事，是两个不同概念，两者存在区别但又有密切关联。道家是一个学派，道教是一种宗教，二者性质不同。广义上的道家包含作为学派的道家和作为宗教的道教两个方面；狭义上的道家是以老子、庄子为主要代表的一个哲学流派。道家的理论是中国传统思想文化不可分割的部分，它影响着两千多年中华民族的思维。

道教是中国本土宗教，形成于东汉末年，道家思想是道教思想来源的一个主要方面。道家的宇宙观、人生观、方法论始终是道教宗教哲学的理论基础，而且道家的代表人物老子、庄子等人还被道教神化，分别被奉为太上老君、南华真人，《道德经》、《庄子》等道家著作也被道教尊奉为神圣的经典。

道教是在古代宗教信仰的基础上，以"道"为最高信仰，沿袭方仙道、黄老道某些宗教观念和修持方法。道教注重炼丹、服食、吐纳、导引等养生延年之术，相信人经过一定修炼可以长生不死，超越自然，成为神仙。唐代，社会各阶层普遍信仰道教，皇室崇道，百官奉道，文人学士与道士交游视为风雅，寻常百姓的民情风俗亦受道教影响。道教清静无为的长生养生观以及道家天人合一的哲学思想，极其深刻地影响着茶道的形成、发展与传播。从自然和宇宙观方面，中国茶文化受老庄思想影响甚深，这又为茶人创造饮茶的美学意境提供了源泉。

真正的道人最爱饮茶，道家饮茶更加自在，不像佛教茶道过分执著于精神追求，也不像儒家那样在器具、礼仪方面过于繁琐。

古代茶人卢仝饮茶，感受到的是清风细雨一样向身上飘洒，可以“情思爽朗满天地”以及“一碗喉吻润，两碗破孤闷。三碗搜枯肠，唯有文字五千卷。四碗发轻汗，生平不平事，尽向毛孔散。五碗肌肤清，六碗通仙灵。七碗吃不得也，唯觉两腋习习清风生。蓬莱山，在何处？玉川子，乘此清风欲归去。”卢仝把借茶力通仙道的体会描写得淋漓尽致，人们仿佛看到了玉川子（卢仝号）乘清风飘至蓬莱仙境。茶人这种“茶饮通仙灵，唯觉两腋习习清风生”的感受与道家“天人合一”的思想意境相吻合。

二、道家与茶道

道家与茶的渊源关系久远，很多人认为，在茶道的酝酿和形成过程中，以道家的影响最大。中国道家思想主要有五点核心内容，分别是尊人、贵生、无己、道法自然、坐忘，每一种思想都与茶道有着深刻的联系。

（一）尊人

尊人，顾名思义，就是尊重天地，尊重别人，尊重自己，这是道家思想的核心。这种思想在茶道中的表现之一便是茶具“三才杯”。三才杯有杯托、杯了、盖子组成的，这三种分别代表了天、地、人，意思是天大、地大、人大，一套茶杯，天地人合一，正好吻合了道家的“天人合一”思想。“三才合一”，“天人合一”，天地相参，天道和人力才能结合在一起，才能获得美满结局。所以端起三才杯，天人合一生。

(二)贵生

道家品茶是不讲究太多规矩的,他们只是从养生、贵生的目的出发,通过茶来助长功行和内力。在这种思想的影响下,中国茶道比较注重茶的功效,尤其是养生的功效以及养性怡情的功能。道家饮茶,就是为了追求一种超脱俗事、逍遥自在的感觉。

(三)无己

道家思想中的"无己"就是茶道中的无我。庄子《大宗师》里说道"至人无己,神人无功,圣人无名",什么是真正的高人呢?摆脱肉体对自己的束缚的人就是高人。道家思想是顺应规律的思想,纯任自然,豁达逍遥。这种淡然的处事态度深深地影响了中国茶道。"无我"就是中国茶道的一种至高心境,是从精神层面上消除一切物与我的对立,达到与自然万物和谐,心纳万物的境界。

(四)道法自然

中国茶道追求道法自然,这里面包含了物质、行为、精神三个方面的内容。物质就是茶,茶乃南方之嘉木,又有珍木灵芽之称,乃天地之精华,自然之杰作,是大自然的产物,当然顺应了自然规律。在行为方面就更不用说了,中国茶艺讲究的就是美,自然美,朴实美,任由心性,绝不造作。精神层面,旨在达到一种无我的境界,通过饮茶,使得自己的心性完全释放出来,得到"清净、恬淡、寂寞、无为",使得自己的心灵随茶香弥漫,仿佛自己与天地融为一体。

(五)坐忘

中国茶道追求的是物我两忘、天人合一,这一点与道家的"清静无为,道法自然"渊源颇深。如何使自己在品茗时心境达到一尘不染、一妄不存的空灵境界呢? 道家为茶道提供了入静的法门,即静坐忘身,达到无所不忘的状态,这称之为"坐忘"。

"坐忘",是《庄子》里的一个词,"坐忘"是道家为了达到"致虚极,守静笃"而提出的致静法门。简单地说就是忘掉自己肉身,忘掉自己的聪明,提倡人与自然的相互沟通,融化物我之间的境界,以及"涤除玄鉴"、"澄心味象"的审美观,均可通过"坐忘"来实现。

老子说:"至虚极,守静笃。万物并作,吾以观其复。夫物芸芸,各复归其根。归根曰静,静曰复命。"庄子说:"水静则明烛须眉,平中准,大匠取法焉。水静伏明,而况精神。圣人之心静呼! 天地之鉴也,万物之镜。"

老子和庄子告诉了世人明心见性、洞察自然、反观自我、体悟道德的无上妙法,要求世人薄名利,洗宠辱,清心寡欲,与世无争,以达到清静之境。

茶清静淡泊,朴素天然,耐阴湿,自守无欲,与清静相依。茶需静品,只有在宁静的意境下才能品出茶的真味,才能感悟出品茶的要义,才能获得品饮的愉悦。静品才能使人安详平和,才能实现人与自然的完美结合,才能进入超凡忘我的仙境。

道教和茶文化正是在"静"这点上达到了高度一致。道家的这种思想观念在中国的茶文化中演化为"茶需静品"的理论实践,武夷山茶痴林治先生也认为,"静"是中国茶道修习的方法。茶之所以历来为文人雅士所喜爱，是因为茶淡泊、清纯、自然、朴实的品格与他们所追求的淡泊、宁静、节俭、谦和的道德观念一致。从历代茶人煎茶、咏茶的高雅意境中我们不难悟出他们清静无为、“超凡脱俗”的神韵，正是受道教文化的影响和潜移默化的熏陶所致。

三、天人合一

中国茶道吸收了儒、佛、道三家的思想精华。佛教强调“禅茶一味”，以茶助禅，以茶礼佛，在从茶中体味苦寂的同时，也在茶道中注入佛理禅机，这对茶人以茶道为修身养性的途径，借以达到明心见性的目的有好处。而道家的学说则为茶人的茶道注入了“天人合一”的哲学思想。

“天人合一”是我国道家哲学，乃至整个中国传统文化贯彻始终的主题，是中国艺术生命精神的集中概括，同时也是中国茶道的理论骨架。

“天人合一”的思想源于老子的《道德经》。在《道德经》中老子提出：“道生一，一生二，二生三，三生万物。万物负阴而抱阳，冲气以为和。”老子的这一观点是迄今为止表述宇宙生化过程最简明、最深刻、最生动的公式。这一公式认定人与天地万物同根，世界万物都是由阴阳两气相激荡、相融合而生成的。

正因为道家“天人合一”的哲学思想融入于茶道精神之中，在中国茶人心里充满着对大自然的无比热爱，中国茶人有着回归自然、亲近自然的强烈渴望，所以中国茶人最能领略到“情思爽朗满天地”的激情以及“更觉鹤心杳冥”那种与大自然达到“物我玄会”

的绝妙感受。

道家“天人合一”的思想使茶人感悟到：人必须顺应自然，符合大道，不是把自然物质与精神分离，而是强调物我情景的合一。“天人合一”在茶道中表现为人对自然的回归渴望，以及人对“道”的体认。具体地说，“天人合一”的思想表现为在品茶时乐于和自然亲近，在思想情感上能与自然交流，在人格上能与自然相比拟并通过茶事实践去体悟自然的规律。这种想法也是道家“天地与我并生，而万物与我唯一”思想的典型表现。历史上的著名茶人都有一套精湛的烹茶技艺，烹茶的过程就是将自己的身心和茶的精神相互沟通的过程。陆羽在《茶经》中也把茶事提炼为一种艺术，从而把人和自然统一起来。为了更好地达到“天人合一”，茶人们在品茶时非常注重环境的优雅和内心的平和。

中国古代知识分子接受的是儒家的正统教育，但是也不能排除道家思想对他们的影响。特别是士大夫们在政治上受到挫折，人生抱负得不到实现时，道家的淡泊名利、回归自然的思想就开始占上风，所以历代知识分子普遍认同“达则兼济天下，穷则独善其身”。在晚明许多文人的茶事绘画中，如唐寅的《事茗图》、文徵明的《惠山茶会图》等，均描绘了文人雅士们在野石清泉旁、松风竹林里煮茗论道的场景。相对于在室内煮茶品饮，文人似乎更钟情于在大自然的山水间品茶，追求寄情于山水、忘情于山水、心融于山水的理想境界。

明代艺术家徐渭在《徐文长秘集》中指出：品茶适宜在精舍、云林、竹灶、寒宵、松月下、花鸟间、清流白云、绿藓苍苔、竹里飘烟等环境下进行。这些都充分体现了道家的天地人思想，将人与自然融为一体，通过饮茶去感悟茶道、天道、人道。文人雅士置身于幽谷深林，煮泉品茗，观云听籁，回归大自然，达到“天人合一”的境界。

茶人也只有达到“天人合一”的境界，才能化自然的品格为自己的品格，才能从茶壶水沸声中听到自然的呼吸，才能以自己的天性自然去感受真正的自然大道，才能彻悟茶道、天道、人道。

四、道法自然

茶道蕴涵的道家精神，更直接的是对自然之趣的追求。《老子》说：“人法地，地法天，天法道，道法自然。”郭象注释为：“自然而然，则谓之天然。天然耳，非为也，故以天言之。”道家认为道是自然而然的，这种观念也渗透到茶道中。

中国茶道所强调的“道法自然”，包含了物质、行为、精神三个层次。物质方面，中国茶道认为“茶是南方之嘉木”，是大自然恩赐的“珍木灵芽”，在种茶、采茶、制茶时必须顺应大自然的规律才能产出好茶。行为方面，中国茶道讲究在茶事活动中，一切要以自然为美，以朴实为美，动则行云流水，静如山岳磐石，笑则如春花自开，言则如山泉吟诉，一举手，一投足，一颦一笑都应发自自然，任由心性，绝无造作。精神方面，道法自然，返朴归真，表现为自己的心性得到完全解放，使自己的心境得到清静、恬淡、寂寞、无为，使自己的心灵随茶香弥漫，仿佛与宇宙融合，升华到“无我”的境界。

明代朱权《茶谱》云：“然天地生物，各遂其性，莫若叶茶，烹而啜之，以遂其自然之性也。”“简便异常，天趣悉备，可谓尽茶之真味矣。”

要实现“道法自然”之美，从方法论方面，庄子提出一个“真”字。他说：“真者，精诚之至也。不精不诚，不能动人。故强哭者虽悲不哀，强怒者虽严不威，强亲者虽笑不和。真在内者，神动于外，是所以贵真也。”庄子是我国美学史上第一个张扬以“真”为美的人。他这里所说的“真”，不是指客观上的真实，而是指人的内心精诚之至，并且不加雕饰地、率性任真地自然表现出来。“真”即是不事雕琢、质朴平淡的自然状态，是大道的体现。

正如庄子所说：“若夫乘天地之正，而御六气之辩，以游无穷者，彼且恶乎待哉？故曰，至人无己，神人无功，圣人无名。”庄子所讲的是秋水长天、了无挂碍、大逍遥的天地境界。

五、淡泊名利

“淡”有淡泊、平淡、闲淡、恬淡等含义，本质上是一种平淡的人生态度和审美趣味。《老子》第三十五章说：“道之出口，淡乎其无味。”庄子不但提出“游心于淡”，以淡作为人生的最高境界，而且是以“虚静恬淡”、“淡然无极”为“众美”之所出。其后，“淡”的思想在中国的人生境界和艺术境界中都占有重要的地位。诸葛亮说：“淡泊以明志，宁静以致远。”这里的淡泊是指一种平和质朴的人生状态，是与那种浓丽华艳的生活方式相对的一种生命态度。

淡泊强调的是朴实自然，但是又要求在平淡中显出不平淡的一面，即在平淡中显露出深远意蕴。因此，淡是在平实无华中显示出达到至高境界的那种不露痕迹的状态。要达到这种平淡之境，无论对于人生还是艺术都是非常困难的。梅尧臣说：“作诗无古今，唯造平淡难。”因为稍有不慎，平淡就会流于干枯、平庸。要达到既无雕琢而又有至味，即“绚烂之极归于平淡”的境界是颇为不易的。

淡所体现出来的是清明高妙的境界。淡不是枯淡无味，而是平淡之中有华彩，平淡之中有滋味，让人觉得余味无穷。苏轼说：“所贵乎枯淡者，谓其外枯中膏，似淡而实美。”在质朴枯淡的表面之下，着实含着丰腴和美丽，昭示出人格精神和艺术趣味的平淡充盈、余味难穷的境界。它不仅是一种艺术上的要求，同时也是生命本身的要求。

在茶道活动中，淡主要是指环境的淡雅，器物的素淡，人心的浅淡，水味的冲淡，茶味的恬淡。淡与浓相反，所以茶道活动反对浓艳、华丽、缤纷。在茶席设计中，茶具、铺垫、插花及茶室环境，尽量布置得淡雅。就连插花中的花材都不能选用香气浓烈、色彩艳丽的，而是选用花朵小、色彩素、香气淡的花材。

从茶、水、器、境之淡，导向人心之淡，这是中国茶道的又一追求。

六、逍遥自在

逍遥自在是指无拘无束，安闲自得。

马钰，号丹阳子，是王重阳的大弟子，王重阳仙逝后由他执掌“全真教”。马钰在《长思仙·茶》中写道：

一枪茶，二旗茶，休献机心名利家，无眠为作差。

无为茶，自然茶，天赐休心与道家，无眠功行加。

“一枪一旗”指幼嫩的茶叶。道家饮茶与世俗热心于名利的人品茶不同。贪图利禄的人饮茶会失眠，这表明他们的精神境界太差。而茶是上天赐给道家的琼浆仙露，修道之人饮了茶更有精神，不嗜睡就更能体道悟道，增添功力和道行，最终可得道升天。在马钰的眼里，机心名利家是不配喝到极品茶的，茶是上天赐予清心者与修道者的良药。

更多的道家高人都把茶当作忘却红尘烦恼，逍遥享乐的一大乐事。对此，道教南宗五祖之一的白玉蟾在《水调歌头·咏茶》一词中写得很妙：

二月一番雨，昨夜一声雷。枪旗争展，建溪春色占先魁。采取枝头雀舌，带露和烟捣碎，炼作紫金堆。碾破春无限，飞起绿尘埃。

汲新泉，烹活火，试将来，放下兔毫瓯子，滋味舌头回。唤醒青州从事，战退睡魔百万，梦不到阳台。两腋清风起，我欲上蓬莱。

庄子提出：“若夫乘天地之正，而御六气之辩，以游无穷者，彼且恶乎待哉！故曰：至人无己，神人无功，圣人无名。”庄子认为，心灵顺应自然规律，跳出万物束缚，达到忘记形骸、不求功利、不求虚名、与道合一、逍遥自在的境界，便是人生最大的幸福。

道家不拘名教、纯任自然、旷达逍遥的处世态度也是中国茶道的处世之道。道家所说的“无己”就是茶道中追求的“无我”。无我，并非是从肉体上消灭自我，而是从精神上泯灭物我的对立，达到契合自然、心纳万物。“无我”是中国茶道对心境的最高追求。在逍遥自在的茶人眼中，生命是一个短暂的过程，人生是对生命过程中百味的体验。茶人们常讲“茶味人生”，便是说对酸甜苦辣的人生百味都能坦然接受，并且品得有滋有味；他们在怀才不遇时，不顾影自怜，而是深信“天生我材必有用”。在功成名就时，不沾沾自喜，而是“直挂云帆济沧海”，不断去追求新的体验。逍遥自在的人，是去除生命之遮蔽和心灵之重负，能畅游生命之河的人。

七、上善若水

“上善若水”语出《老子》：“上善若水，水善利万物而不争，处众人之所恶（wù），故几于道。”意思是说，最高境界的善行就像水的品性一样，泽被万物而不争名利，处于众人所不注意的地方，所以是最接近道的。在道家学说里，水为至善至柔；水性绵绵密密，微则无声，巨则汹涌；与人无争却又容纳万物。人生之道，莫过于此。道家“上善若水”的思想，对中国茶道产生了深刻的影响，后来逐步发展成为茶人的道德观。

在“上善若水”理念的哺育下，道家著名的茶人中有不少都是“善利万物而不争”的典范。

（一）陶弘景

陶弘景（456～536 年），字通明，南朝梁时丹阳秣陵（今江苏南京）人，号华阳隐者，著名的医药家、炼丹家、文学家、道家思想家。陶弘景对儒、释、道三家文籍，均博览兼通。他的思想脱胎于老庄哲学和葛洪的神仙道教，也杂有儒、佛观点。他对阐扬道教尤付精力，继承《上清》经法，开创茅山宗，是南朝道教中最有影响的人物，对后世道教的发展影响亦较深远。

陶弘景自幼聪明异常，十岁读葛洪《神仙传》，便立志养生，十五岁著《寻山志》，二十岁被引为诸王侍读，后拜左卫殿中将军。三十六岁时梁代齐而立，隐居句曲山（茅山）华阳洞，潜心钻研道家理论和医学。

梁武帝早年便与陶弘景认识，称帝之后，想让其出山为官，辅佐朝政，但均遭婉辞。梁武帝问他："山中何所有？"他先写了一首诗，后画一幅画作答。诗云：

山中何所有？岭上多白云。

只可自怡悦，不堪持赠君。

画中有两头牛，一头自在地吃草，另一头带着金笼头，被拿着鞭子的人牵着鼻子，并用牛鞭驱赶。梁武帝一见，便知其意，虽不为官，但书信不断，常以朝廷大事与他商讨，时人称"山中宰相"。

陶弘景寄情山水，云游八方，以听松涛、煮佳茗、咏诗词为乐。陶弘景《杂录》中所说"苦茶轻身换骨，昔丹丘子、黄山君服之"，被陆羽在《茶经·七之事》中引用，足见其影响深远。

（二）孙思邈

孙思邈（581～682），中国古代最伟大的医学家之一，被后世尊奉为"药王"，同时他也是一位地位很高的道教人物，在很多道教宫观里都有"药王殿"。他医德高尚，重视养生，济世活人，是一位真正的道士。孙思邈是最早研究茶的药理药效的医学家。他指出："茗叶，味甘、咸、酸、冷、无毒。可久食，令人有力，悦志，微动气。"

孙思邈是京兆华源（今陕西耀州）人，公元581年出生于一个贫穷农民的家庭。他从小就聪明过人，受到老师的器重，长大后开始爱好道家学说。由于当时社会动乱，孙思邈隐居陕西境内的秦岭太白山中，并渐渐获得了很高的声名。当时的朝廷下令征孙思邈为国子监博士，被他拒绝了。

孙思邈幼年体弱多病，因汤药之资而罄尽家产。他自幼聪明过人，日诵千言，西魏大将独孤信赞其为“圣童”。他通百家之说，崇尚老庄学说，兼通佛典。

孙思邈七岁的时候，就认识一千多字，每天能背诵上千字的文章。二十岁的时候对《老子》、《庄子》以及佛教经典已经无所不通了。

孙思邈是世界上最早最完整论述“医德”的人，他“医为仁术”的精神实践把“上善若水”的理念具体化。他认为，医生须以解除病人痛苦为唯一职责，其他则“无欲无求”，对病人一视同仁“皆如至尊”，“华夷愚智，普同一等”。他身体力行，不慕名利，用毕生精力实现了自己的医德思想，是中国医德思想的创始人，也是中国古代著名的科学家和思想家，被西方称之为“医学之父”，与希波克拉底齐名的世界三大医德名人之一。

孙思邈在太白山研究道教经典，探索养生术，同时也博览众家医书，研究古人医疗方剂。他选择了“济世活人”作为他的终生事业，为了解中草药的特性，他走遍了深山老林。孙思邈还十分重视民间的医疗经验，不断积累走访，及时记录下来，终于完成了他的不朽著作《千金要方》。他认为：“人命至重，有贵千金，一方济之，德逾于此。”所以用“千金”两字冠于书名。这本书是我国最早的医学百科全书，“上极文字之初，下讫有隋之世，或经或方，无不采撷。集诸家之所秘要，去众说之所来至”，所以被医家和学者推崇备至。

孙思邈于永淳元年(公元682年)卒,临终前他嘱家人一定要薄葬,且不得杀牲祭奠。

(三)魏徵

魏徵少年孤贫,胸怀大志,不事产业,却通晓经典书籍和方术,曾出家为道人,深受老庄思想的影响,并深爱茶。他赞美茶说:“穷春秋,演河图,不如载茗一车。”

隋末,魏徵参加瓦岗军,李密败,降唐,跟随李建成,为太子洗马。太宗即位后,魏徵任谏议大夫,后任秘书监,参与朝政,封郑国公。魏徵与李世民是封建社会中罕见的一对君臣:魏徵敢于直谏,多次拂太宗之意,而太宗竟能容忍魏徵“犯上”,所言多被采纳。因此,他们被称作理想的君臣。

魏徵在朝辅政时,常怀爱民之心,为了治国安邦,他竭诚辅佐李世民,做到“知无不言,言无不尽”。贞观中期以后,李世民渐渐表现出“忘本”(忘记以民为本)、“忘危”(忘记隋朝灭亡的教训)的苗头,魏徵连连上疏,提醒皇帝“傲不可长,欲不可纵,乐不可极,志不可满”。

贞观十三年(公元639年)五月,魏徵乘太宗诏五品以上官上封事之机,全面地、系统地总结了政事不如贞观之初的事实,上奏太宗,这就是著名的《十渐不克终疏》。疏中列举了太宗搜求珍玩、纵欲以劳役百姓、亲小人、疏君子、崇尚奢靡、频事游猎、无事兴兵、使百姓疲于徭役等毛病,批评了太宗的骄傲自满情绪,再次提醒他慎终如始。太宗看完奏疏后,欣然接纳,并对他说:“朕今闻过矣,愿改之,以终善道。有违此言,当何施颜面与公相见哉!方以所上疏，列为屏障，庶朝夕见之，兼录付史官，使万世知君臣之义。”遂赐黄金十斤、马二匹。

魏徵还提出了以静为化之本的施政方针。他认为隋朝虽然府库充实，兵戈强盛，但由于“甲兵屡动，徭役不息”，最后虽富强而丧败，其原因就是因为“动”。在大乱之后，百姓疲敝，人心思治，当以安静为本，“静之则安，动之则乱，人皆知之，非隐而难见也，非微而难察也”。

魏徵以静为本的思想，主张社会有个安定的环境，与民休养生息，以恢复和发展社会经济。为此，魏徵曾屡次劝谏太宗停止兵事，提倡轻徭薄赋，布德施惠。

在“不争”方面，魏徵也堪为万世师表。他“上不买时主，下不阿权贵，中不侈亲戚，外不为朋党，不以逢时改节，不以图位卖忠”，一千多年来一直被传为佳话。

贞观十六年（公元642年），魏徵重病卧床，唐太宗派人探望，回报说魏徵一生节俭，到老仍家无正寝，唐太宗立即下令把为自己建造小殿的材料全部赐给魏徵建房。不久，魏徵病逝家中，太宗亲临吊唁，失声痛哭，并留下了警示世人的一段名言：“夫以铜为鉴，可以正衣冠；以古为鉴，可以知兴替；以人为鉴，可以明得失。”魏徵便是茶人的一面明镜。

第十四章　茶的成分及功用

在我国古代本草类书籍中，茶早已被确认为是对人体健康益处颇多的“良药”。李时珍《本草纲目》称茶的性味为“苦，甘，微寒，无毒”。茶叶对人体的营养、治疗价值是很大的，而且无毒、安全。

一、茶的主要成分

我国古代的医学家对茶的营养保健价值早就有了深刻的认识。据《神农本草》记载：“神农尝百草，日遇七十二毒，得荼而解之。”其中的“荼”即茶的古字。唐代药学家陈藏器在《本草拾遗》中讲得更神奇，他说：“诸药为各病之药，茶为万病之药。”明代大医学家李时珍不仅充分肯定了陈藏器“茶为万病之药”的观点，而且在《本草纲目》中对这一观点进行了论证。他写道：“茶苦而寒，阴中之阴，最能降火，火为万病，火降则上清矣。”人若能保持心情愉悦、神清气爽、阴阳协调，免疫力自然增强，万病自易痊愈。

现代药理研究证明，茶叶中确有多种成分的药理作用与人体健康关系密切。据现代医学、生物学、营养学对茶的研究，凡调节人体新陈代谢的许多有益成分，茶叶中大多数都具备。现代科学不但对茶叶的几乎所有成分都分析清楚了，而且把它抗癌、防衰老以及提高人体生理活性的机理均已基本研究清楚了。目前已分析出茶叶中的化学物质已超过600多种，它们对茶叶的香气、滋味、颜色以及营养、保健都起着重要的作用。

在茶的鲜叶中，干物质为25%左右，水分约占75%。而干茶中的水分控制在5%以内，根据制作方式的不同，茶类的成分转化与保留不同，不发酵绿茶中茶多酚、叶绿素和维生素保留最多，而全发酵的红茶中多酚类大量氧化缩合为茶色素，维生素几乎无保留，芳香类物质转化生成达400多种。干物质的主要化学成分主要包括以下几种：茶多酚、生物碱（咖啡因）、蛋白质、氨基酸、糖类、茶皂素、茶色素、维生素和芳香类物质。

二、茶多酚类

茶多酚是茶叶中三十多种酚类有机化合物的总称，它的含量占干物质总量的10%～35%，是茶叶中最主要的有效物质。其中主要有儿茶素、黄酮类、花青素和酚酸。儿茶素类化合物含量最高，约占茶多酚总量的70%，是茶叶药理保健作用的主要活性成分，医学界也称为“维生素P群”。绿茶中茶多酚含量一般为干茶重量的15%～35%，甚至有的品种超过40%，而红茶因发酵使茶多酚大部分氧化，故含量低于绿茶，大约为10%～20%。

茶多酚类物质具有杀菌抗病毒、清除自由基、保护和修复DNA结构等生化活性，这些生化性质使得茶叶具有降血脂、抗肿瘤、抗脂质过氧化、增强免疫功能、消炎抑菌、抗衰老、防辐射、抗癌、抗突变等多种功效，可减轻烟草对人体的毒害，美容养颜。

茶多酚可阻止、抑制人体内由新陈代谢产生的自由基，清除“体内垃圾”，保护脏器健康，延缓衰老。中外医学家的研究一致认为：“儿茶素类化合物对防止脂肪酸的过氧化功效比维生素E强14～18倍”。

茶多酚用于临床医学后大量的医案证实，它对防治人类头号杀手心脑血管疾病的疗效十分显著。

三、生物碱类

茶叶中生物碱包括咖啡因、可可碱、茶碱等，这其中要以咖啡因的含量居多，一般含量为2%～5%。咖啡因对人体又有多种药理功效，如提神、促进血液循环等。在正常的饮用剂量下，咖啡因对人无致畸、致癌和致突变作用。咖啡因的兴奋作用及其爽口的苦味能满足人们的生理及口味的需求，使得一些含咖啡因的食物，如茶、咖啡、可可、巧克力、可乐等容易盛行。

茶叶中的生物碱主要具有以下功能：

第一，咖啡因具有兴奋大脑中枢神经、强心、利尿等多种药理功效，可使人精神振奋、睡意消失、增强人的思维能力和记忆力，提高工作效率和精确度。茶中生物碱使人兴奋的过程不伴有继发性抑制或对人体产生毒害作用，因为咖啡因在人体内的半衰期（即分解50%所需时间）只有2.5～4.5小时，所以不会在体内积存。当然咖啡因也存在负面效应，这主要表现在晚上饮茶可能影响睡眠，对神经衰弱者及心动过速者等有不利影响。

第二，可强化血管壁弹性，松弛平滑肌，有极好的强心作用。

第三,利尿。这个作用是由咖啡因和茶碱共同完成的,茶碱可扩张肾微细血管,加速尿液的分泌,咖啡因可刺激膀胱,加速排尿。

另外,茶中的生物碱还可降低血液中的胆固醇,防止动脉粥样硬化,促进胃液分泌,帮助消化并能保持人体的酸碱平衡。

俗话说"不苦不涩不为茶"。茶叶的苦味物质主要有:咖啡因、可可碱、茶叶碱、花青素类、茶叶皂苷、苦味氨基酸及部分黄烷醇类。涩味物质主要是多酚类,鲜叶中的多酚类含量占干物质的30%左右。茶汤的苦味常常与涩味相伴而生,在茶汤的滋味结构上占主导地位。茶汤中的生物碱与大量儿茶素类物质形成氢键络合物,此络合物呈鲜爽味。在儿茶素类和咖啡因相对含量都较高的茶叶中,茶汤浓醇鲜爽,是优质茶叶的表现。就茶树的一个枝条来说,苦味物质,往往是嫩叶含量比老叶高,尤其是芽以下第一、第二叶的茶多酚、咖啡因等含量最高,第三、第四叶依次减少。茶叶的涩味物质,主要有茶多酚类物质,其中儿茶素类尤为重要。酯型儿茶素苦涩味较强,它在芽叶里的含量远远高于粗老叶片。绿茶因制作工艺没有发酵,因此保留的苦涩味物质最多,如云南大叶种因其内含物比起其他茶类丰富,所以云南的大叶晒青茶的相对苦涩味比较重。对普洱茶来讲,茶叶自身的苦涩存放上几年就可以慢慢转化为甘醇。

四、茶氨酸

众所周知,氨基酸是人体必需的营养成分,是构成蛋白质的原料。有的氨基酸和人体健康有密切的关系。茶叶中含有一种对人体有独特功效的氨基酸称为茶氨酸,茶氨酸的含量占茶叶中氨基酸总量的一半左右。

茶氨酸可促进人体的生长发育,促进神经生长和提高大脑功能,从而增进记忆力和学习能力,并能对帕金森氏症、老年痴呆症及传导神经功能紊乱等疾病有预防作用;有防癌抗癌作用;降压安神,能明显抑制由咖啡因引起的神经系统兴奋,因而可改善睡眠;具有增加肠道有益菌群和减少血浆胆固醇的作用。

茶氨酸还有保护人体肝脏,增强人体免疫机能,改善肾功能,延缓衰老等功效,科学研究表明,茶氨酸可使人体抵御感染的能力增强五倍。各种茶类中以绿茶中茶氨酸含量最高。

五、糖　类

茶叶中的糖类包括单糖、双糖和多糖三类,其含量占干物质的20%～35%,但泡茶时能浸出的只有5%左右,所以茶是低热量饮料,无论健康的人还是糖尿病患者均可放心饮用。茶叶中的多糖则是衡量茶叶老嫩程度的重要指标,多糖含量高则嫩度低。

另有研究报告认为,喝茶对医治糖尿病有帮助。在民间治疗糖尿病的实践中,粗老茶也显示了较好的功效,主要就是发挥了茶多糖的作用。糖尿病是以持续高血糖为其基本生化特征的一种综合病症。各种原因造成胰岛素供应不足或胰岛素不能发挥正常生理作用,使体内糖、蛋白质及脂肪代谢发生紊乱,血液中糖浓度上升,就发生了糖尿病。茶多糖的机理不是促进胰岛素的分泌,而是增强胰岛素的功能。茶多糖与促进胰岛素分泌的药物一起使用，能增强药物的降血糖效果。

药理研究标明，茶多糖还具有降血脂、防辐射、抗凝血及血栓、增强机体免疫功能、抗氧化、抗动脉粥样硬化、降血压和保护心血管等药理功效。

六、茶色素

茶色素是茶叶中无色的儿茶素经过氧化脱氢聚合转化而生成的物质，其主要成分为茶红素、茶黄素和茶褐素。它们是红茶的主要品质成分，也是显示红茶色泽的主要成分，具有很好的生理活性。它们在红茶中的含量一般约为1%，在黑茶、乌龙茶、黄茶、白茶中也有茶黄素、茶红素存在。研究证明，茶黄素具有类似茶多酚的作用，并且具有很高的医疗保健价值。茶黄素不仅是一种有效的自由基清除和抗氧化剂，而且具有抗癌、抗突变、抑菌抗病毒、治疗糖尿病、改善和治疗心脑血管疾病等多种功能。

七、芳香类物质

芳香类物质虽然不是人体必需的营养素，但是人人喜爱茶的香气。茶香可让人心旷神怡、心情愉悦，从而提高人的生活质量，增进人的身心健康。

现已检测出茶叶中的芳香类物质多达400余种（鲜叶50余种，绿茶100余种，红茶300余种，乌龙茶400余种），这些香气是由醇类、醛类、酮类、酸类、脂类、内酯类、酚类、过氧化物类、芳胺类、碳氢化合物类等构成的。不同类的芳香类物质相组合，构成了茶的清香、花香、果香、乳香、甜香、嫩香、毫香、鲜爽气等不同的香型。不同的芳香类物质在不同的温度下挥发，使得茶香变化无穷，魅力无限。

现代医学有香气疗法，闻茶香不仅是一种独特的精神享受，而且有益于身心健康。

八、维生素

维生素是维持人体健康及新陈代谢所不可缺少的物质。茶叶中含有丰富的维生素类，其含量占干物质总量的0.6%～1%，包括水溶性和脂溶性两种。脂溶性维生素不能溶于水中，饮茶时不能直接吸收利用。茶叶中水溶性维生素中维生素C的含量最高，特别是一些高档绿茶，一般每100克高级绿茶中就有250毫克左右，最高可到500毫克以上，因此，人们通过饮用绿茶可以吸收一定的维生素，有利于提高人体免疫力，预防多种疾病的困扰。

其实在古代已经有咀嚼吞吃茶渣的理论或实践。宋代流行的饮茶法实为吃茶法，将茶叶和茶汤一同食用。现在有些少数民族还保持着吃茶的习惯。

若采用泡饮，剩余茶渣中还含有丰富的营养物质如膳食纤维、蛋白质、脂溶性维生素和矿物质。因此，食用卫生合格、无农药残留和重金属的茶渣是有利于健康的。

九、矿物质类

现代医学把人体所必需的矿物质元素称为“生命元素”，因为人体骨骼的坚韧、肌肉的收缩、血液的生成、体液的酸碱平衡、大脑的发育、智力的高低等均与矿物质密切相关。“生命元素”可分为常量元素和微量元素两类。人体每天需要量在100毫克以上的元素称为常量元素，包含钙、磷、钾、钠、氯、硫、镁等七种元素。人体对这七种元素的需求量很大，例如，青少年每天钙的摄取量为700～800毫克，磷的摄取量为700～800毫克，钾的摄取量为1 600～2 000毫克。常量元素主要从谷物、肉、蛋、鱼、奶和各种蔬菜、水果等食物中摄取，饮茶只能作为一点微不足道的补充。

联合国卫生组织推介的人体必需微量元素有14种：铁(Fe)、锌(Zn)、硒(Se)、钼(Mo)、钴(Co)、氟(F)、碘(I)、镍(Ni)、硅(Si)、钒(V)、铜(Cu)、锡(Sn)、铬(Cr)、锰(Mn)。医学研究表明人体对上述元素的需要量虽然极少，但是这些元素与人体的健康关系极密切。

茶叶中含有多种矿物质元素。其中，以磷与钾含量最高，其次为钙、镁、铁、锰、铝，微量成分有铜、锌、钠、硫、氟、硒等。这些矿物质中的大多数对人体健康是有益的。

茶叶中含量较高的锰对人体健康有重要的作用。锰参与骨骼形成和其他结缔组织的生长、凝血，并作为多种酶的激活剂参与人体细胞代谢。缺锰会使人体骨骼弯曲，并容易患心血管病。茶叶是一种集锰植物，一般锰含量比水果、蔬菜约高50倍，老叶中含量更高。茶汤中的锰浸出率为35%左右。所以，常喝茶较不易得骨质疏松。

硒是人和动物生命必需的微量元素，每日所需要量为0.05～0.2毫克。人体缺硒时肌体容易早衰，使人失去活力，看起来比实际年龄苍老许多，严重缺乏时还会导致心肌病变及心力衰竭。各类茶叶中均含有硒元素，含量的高低取决于各茶区土壤的硒含量。硒能增强人体对疾病的抵抗力，对治疗冠心病也有效，还能抑制癌细胞的发生和发展。常饮富硒的茶可帮助维持人体组织的柔软性，维持红细胞和白细胞的正常功能，防止细胞癌变，清除自由基，减缓组织老化，另外还可解除体内因汞、砷、铅等过量摄入引起的中毒。对于女性而言，硒能防治更年期综合征。对于男性而言，硒是制造精液的必需物质，同时也参与前列腺素的新陈代谢，能有效提高性功能。

氟是人体必需的微量元素，在骨骼与牙齿的形成中有重要作用。但过量摄取氟可导致氟中毒，如发生氟斑牙、氟骨症（骨质发脆而易折）。成人安全而适宜的量为每天1.5～4.0毫克，每千克茶叶中的氟含量一般在几十到二百毫克，因此常饮茶的人应避免使用含氟牙膏。

人体必需的微量元素要靠多种膳食合理搭配来供给，绝不可偏食。但是其中有一些微量元素在普通膳食中含量不足，而茶叶中的含量较丰富，可以作为有益的补充。中医认为“药补不如食补”，所以，常喝茶是对人体所需的微量元素的最佳补充方法。

十、脂 类

脂类是脂肪和类脂的总称。脂类、蛋白质、糖类并列被称为人类的三大营养素。茶叶中脂类的含量占干重的2%～3%。相对人体对脂类的日常需要量而言，茶叶中的脂类含量微不足道，但它有助于人体对茶叶中脂溶性维生素（胡萝卜素、维生素D、维生素E、维生素K）的吸收。

所以说，茶叶与任何其他食品、饮料一样，营养成分都有其局限性，并且茶叶的日摄取量很少，无法满足人体对营养物质的全面需要。建立科学的膳食观，必须如《黄帝内经》指出的："五谷为养，五果为助，五畜为益，五菜为充，气味合而服之，以补精益气。"按现在的话说，就是膳食要多样化，营养要平衡，不可偏食。

最后，我们还要说一点，茶的养生效果与茶叶级别的高低、茶价的高低无关。一般来说，级别稍低一些的茶可能在口感上稍差些，但因茶的许多有益物质存在于芽头与叶片之间的叶茎上，所以极品的独芽茶在养生效果上反不如一芽一叶或一芽两叶的茶更好，所谓的低档茶一样可以达到养生的效果。

十一、茶能替代水果蔬菜吗

茶叶的营养价值主要来自茶叶中所含的维生素及矿物质，因为它可以供给维生素B_1、B_2、B_3和叶酸等B族维生素，绿茶还可以供给维生素C等。至于维生素E和K则因不溶于水，所以除非食用抹茶或粉茶，否则只喝茶汤是无法摄取的。绿茶中的维生素 C 是蔬菜和水果的好几倍，但茶叶每天的摄入量与蔬菜水果相比要小得多，不足以补充人体所需的量，因此不能代替水果蔬菜。

第十五章　茶的保健养生功效

茶的利用可分为药用、食用、饮用三种。古人最早是将茶当作药用的,由此可知,茶具有一定的保健养生功效。

一、茶的药用功能

传说早在四五千年前的神农时代,就有“得茶而解毒”之说。“茶”为茶的古字。至公元7世纪即中唐时期,才以“茶”字代替“茶”字。

神农氏是中国上古时代一位被神化了的人物形象,传说他不仅是中国农业、医药和其他许多事物的发明者,也是中国茶叶利用的创始人。神农氏不仅教老百姓农业知识,还教会老百姓识别可食用的植物和药物。神农氏采摘草木的果实,尝其汁液,中毒70多次,都是用“茶”解的毒。可以说,是神农氏最早认识了茶,并以茶为药,发现了茶的药用功能。

经过后人长期实践,发现茶叶不仅能解毒,而且配合其他中草药,可医治多种疾病。《神农本草》记载有“茶味苦,饮之使人益思、少卧、轻身、明目”。东汉神医华佗在《食论》中也说茶味道较苦,但经常服食的话则有利于头脑清醒、思维敏捷。陆羽的《茶经》全面论述了茶的功效："茶之为用，味至寒，为饮最宜精行俭德之人，若热渴、凝闷、脑疼、目涩、四肢烦、百节不舒，聊四五啜，与醍醐甘露抗衡也。"名医李时珍从医药专家角度将茶的品性、药用价值一一道来：茶味较苦，品性趋寒，因而最宜于用来降火，如果喝温茶那心中火气就会被茶汤减去，如果喝热茶那火气就会随着茶汤而挥发。明代顾元庆则在《茶谱》中写道："人饮真茶能止渴、消食、除痰、少睡、利尿、明目益思、除烦去腻，固人不可一日无茶。"更是把茶的药用功能说得异常清楚。

除去以上一些专业人士对茶的药用功能的阐述之外，尚有许多好茶的文人们也对茶的药用功能提出过自己的见解。如大诗人李白就有"破睡见茶功"的诗句，赞赏茶叶提神醒脑的功效。唐代刘贞亮概括饮茶好处为"十德"，即：以茶散郁气，以茶驱睡气，以茶养生气，以茶除病气，以茶利礼仁，以茶表敬意，以茶尝滋味，以茶养身体，以茶可行道，以茶可雅志。他不仅把饮茶作为养生之术，而且作为修身之道了。闻龙《茶笺》说：用浓茶漱口可去烦腻、健胃，又可坚齿。

对于我国边疆少数民族而言，茶的药用功能更为突出，在少数民族地区，流传着"宁可三日不吃粮，不可一日不喝茶"的谚语。这是因为，像藏族、蒙古族、维吾尔族等少数民族因为都是居住在高寒地区，日常主食都是牛羊等肉类食品，不易消化，而茶的促消化功能对于他们而言，重要性是不言而喻的了。在《明史·食货志》中有"番人嗜乳酪，不得茶则因而病"之语。《滴露漫录》记载有"以其腥肉之食，非茶不消；青稞之热，非茶不解"。清代《续文献通考》中，也有"乳肉滞隔，而茶性通利，故荡涤之"的论述。可见自古以来，茶叶的药用功能对于边疆民族是多么重要。

二、茶能解毒醒酒

人体的主要解毒器官有两个，即肝与肾，其中肝脏解毒功能最强。肝可在相关酶系的催化下，把外来毒物及内生毒物通过氧化、还原、水解等反应转化为无害。肾脏主要是通过调节体液及酸碱平衡，经血液循环，以尿的形式把毒物与废物排泄到体外。现代医学研究已查明茶可明显增强肝肾的代谢功能，并保护肝肾不受损害。

茶的解毒作用是多方面的。对于细菌性中毒，茶多酚等物质能与细菌的蛋白质结合，使细菌的蛋白质凝固变性，导致细菌死亡。对于现代化工业社会给人们造成的汞、铅、镉等重金属中毒，茶可使这些金属沉淀并加速排出体外。

对于轻度酒醉而言，茶能醒酒，实质上也是一种解毒，即减少乙醇对人体的毒害。茶叶中含有的茶多酚、咖啡因、茶叶碱、茶皂甙、黄酮类、有机酸、多种氨基酸和多种维生素等物质相互协同，使茶汤如同一副药效齐全的醒酒剂。它的主要作用是兴奋中枢神经，对抗和缓解酒精中毒后的中枢神经抑制作用，扩张血管利于血液循环，提高肝脏代谢能力，促利尿，使酒精及代谢产物从体内迅速排出。实验表明，茶的利尿作用能抑制肾小管对酒精的再吸收，并可以加强泌尿系统的抗感染能力。

但是，长期饮酒过量或者严重酒醉的人，依赖浓茶醒酒对身体是不利的。饮酒以后酒精刺激心脏，心跳加快，浓茶中的大量咖啡因有着同样的效果，醉酒后喝浓茶会加重心脏负担。饮茶还有利尿作用，使酒精中有毒的醛尚未分解就从肾脏排出，对肾脏有较大的刺激性而危害健康。因此，心肾功能较差的人，酒后不要饮茶，尤其不能饮大量的浓茶；对身体健康的人来说，可以饮少量的浓茶，待清醒后，可采用进食大量水果或小口饮醋等方法，以加快人体的新陈代谢速度，使酒醉缓解。

三、茶能利尿通便

茶的利尿功能主要是茶中生物碱的作用。茶碱、咖啡因一方面通过扩张肾微细血管使肾脏血流量增加，使肾小球过滤速度增快，促进尿液形成；另一方面刺激膀胱，有利于尿的排出。因此，多饮茶有利于预防尿道和肾结石，并可解除自来水中氯化物的毒害。

茶的通便功能主要是茶多酚可增强大肠的收缩和蠕动。茶皂素具有促进小肠蠕动的作用。因此，多饮茶可使人体内新陈代谢所产生的有毒有害物质及时排出体外，从而保障人体健康。

另外，品茶时全身毛孔舒张、微微出汗，人体细胞内新陈代谢产生的毒素随汗液排出体外。可以这样说，茶是使人体内各器官和细胞保持清洁的最佳清洗剂。

四、茶能保肝明目

茶的保肝明目功能主要是茶叶中含有多种维生素和儿茶素。其中胡萝卜素被人体吸收后，可增强视网膜的辨色力，因此多饮茶可明目。

茶的保肝作用主要是茶中的儿茶素可防止血液中的胆固醇在肝脏沉淀。实验也证明了儿茶素对病毒性肝炎和酒精中毒引起的慢性肝炎有明显疗效。

茶叶中维生素C的成分能降低眼睛晶状体的浑浊度，经常饮茶，对减少眼疾、护眼明目均有积极作用。

五、茶能提神益思

伏案疾书，头昏目眩，四肢疲倦之时，泡饮一杯茶，会倦怠渐消；当炎炎夏日，长途奔波，汗流浃背，疲乏不堪之际，喝上一壶香茗，会暑气全消。茶叶能提神益思、消除疲劳。喝茶为何有这样的效果呢？研究证实，主要是茶叶中含有咖啡因、茶碱及可可碱等生物碱，以咖啡因为主。茶叶中的生物碱被人体吸收后，既能刺激中枢神经系统，使人精神愉快，清醒头脑，又能加快血液循环，促进新陈代谢，使人解除疲劳。

六、茶能止渴生津

在高温环境下，肌体热负荷增加，代谢加快，能量消耗增多，易产生疲劳；由于肌体散热主要依赖出汗功能，大量出汗或代谢受阻，易导致水电平衡紊乱。而饮茶首先补充肌体失去的水分，调节新陈代谢，维护心脏、胃肠、肝肾等脏器的体液平衡。其次，茶叶中富含多种维生素、矿物质、微量元素、氨基酸等活性物质，可以补充出汗丢失的营养成分，维持高代谢状态下的生理功能。因此饮茶具有止渴生津的作用。

七、茶能固齿防龋

龋齿是人类的多发病，茶树是一种能从土壤中富集氟元素的植物，氟有固齿防龋作用，长期用茶水漱口可降低龋齿发病率。而且茶叶是碱性饮料，可抑制人体中钙质的减少，这对预防龋齿及护齿都是有益的。另外，茶多酚类化合物可杀死齿缝中能引起龋齿的病原菌，不仅对牙齿有保护作用，而且可去除口臭。研究表明，饮茶、用茶汤漱口、刷牙可预防龋齿。常喝乌龙茶的人，龋齿发生率下降 60%左右。

八、茶能消炎灭菌

很多医学研究报告说明，儿茶素、茶黄素及酚类对肠炎病菌有显著抗菌作用。对黄色葡萄球菌、伤寒杆菌等多种致病细菌也有明显的抑制作用，此外，茶多酚还对百日咳菌、霍乱菌、白癣菌等病原菌有抗菌作用，对流感病毒、肠胃炎症等有辅助抗病毒作用。有实验证明，用茶水擦身或浴足，5～7 周后体癣、足癣的症状可完全消除。

九、茶能降脂降压

边疆少数民族主要食用牛羊肉，在丰盛餐宴以后，泡饮一杯香茗是消食除腻的最好办法。茶叶中的生物碱，可促进胃液的分泌和食物的消化；茶汤中的肌醇（生物素Ⅱ）、叶酸、泛酸等维生素物质，与蛋氨酸、半胱氨酸、卵磷脂、胆碱等多种化合物，都有调节脂肪代谢的功能；茶皂素具有分解脂肪的功效。

高血脂是指血浆中所含脂类（包括甘油三酯、磷脂、胆固醇和游离脂肪酸）超出正常水平。现代医学研究证明，许多中老年常见病，如脑出血、冠心病、动脉粥样硬化、血栓、肥胖症等都和高血脂有关。茶叶中的儿茶素能与脂类结合，并通过粪便排出体外。茶皂素可减少肠道对食物中脂肪的吸收。医学调查结果表明，在60岁以上的人群中，没有饮茶习惯的人冠心病率为3.1%，偶尔饮茶者患病率为2.3%，而连续三年饮茶者的患病率仅1.4%。

高血压是现代生活方式造成的人类常见病。茶叶中含有可降低血压的物质，主要是儿茶素类物质。另外，茶叶中的咖啡因成分也具有一定的降压作用。由于绿茶中儿茶素含量较多，同时绿茶中的氨基丁酸有较显著的松弛血管壁的效用，因此与白茶、黄茶、红茶、青茶、黑茶这五类茶相比，绿茶更具有降压效果。

茶叶中的咖啡因、儿茶素能使血管壁松弛并保持弹性，从而扩展血管的有效直径，使血压降低。此外，茶叶中含有的维生素P可以增强毛细血管的韧性。咖啡因能促使人体血管壁松弛，让血液充分地输入心脏本身的冠状动脉，有益于心脏的自身营养。咖啡因的利尿作用可以加速体内钠的排出，使血液中钠浓度减少，同时饮茶还可以提高钾的浓度，使血液中钾、钠比例适中，以保持血压正常。

十、茶能美容减肥

茶叶含有丰富的营养成分，是天然的健美饮料，经常饮茶，有助于保持皮肤光洁白嫩，推迟面部皱纹的出现和减少皱纹。

茶叶中的多种保健成分如茶多酚、咖啡因、茶氨酸、维生素C、维生素E、类胡萝卜素、硒等具有抗氧化、抑制有害微生物、调节血脂、促进新陈代谢、提高人体免疫功能、抵抗紫外线及其他电离辐射的作用，这些作用不但使人体质健康，同时还可以减肥，减少或消除粉刺和癣病，抑制黄褐斑的形成，延缓皮肤衰老，这些作用间接地起到了美容的功效。

茶中富含锌元素且易被人体吸收，人体内的各种酶都含有锌，所以茶可使人的新陈代谢更旺盛，促进骨骼、器官、皮肤良好生长发育。茶中的维生素C、维生素E，可抗氧化、抗衰老，保持皮肤弹性，抑制肌肤上的色素沉积，预防色斑形成，加上茶中的芳香族物质能使人心情愉悦，神清气爽，这样自然可以达到美容养颜的良好效果。

茶多酚还可阻止紫外线导致的皮肤损伤，故有“紫外线过滤器”之美称。茶多酚还能抵制酪氨酸酶的活性，减少黑色素细胞的代谢强度，减少黑色素的形成，具有皮肤美白的功能，因此市场上不少护肤保养品中加入了茶多酚成分。

咖啡因能促进体内脂肪燃烧，提高体温，促进出汗；茶氨酸能降低腹腔脂肪，以及血液和肝脏中的脂肪及胆固醇浓度；茶皂素通过阻碍脂肪酶的活性，减少肠道对食物中脂肪的吸收，从而达到减肥的作用;纤维素可促进胃肠蠕动,使排泄物迅速排出体外,减少肠壁对代谢废物或毒物的吸收,保持血液清洁,从而起到减肥健美的效果。

十一、茶能防癌抗癌

研究证实,茶是一种防癌饮料。茶中抗癌的有机物主要是茶多酚、茶色素、茶碱和多种维生素,抗癌的无机物主要是硒、锌、钼、锰等。大量实验数据都证明了茶水中的茶多酚能阻断人体内致癌物亚硝基化合物的形成,并具有直接杀伤癌细胞和提高机体免疫力的功效。绿茶的阻断作用最强,阻断率达 90%以上。其次是花茶、乌龙茶和红茶。通过试验发现,用 1 克茶叶沏泡两次,每次 150 毫升水,饮用后可完全阻断亚硝基化合物在人体内的合成。尤其是普洱茶中的茶多酚类物、茶色素、咖啡因及茶多糖都有重要生物活性化学抗癌的作用。

自由基是人体在呼吸代谢过程中,在消耗氧的同时产生的一组有害“垃圾”。研究表明,自由基也是造成基因变异、致癌的重要原因。茶多酚的主体儿茶素类物质是一种抗氧化剂,也是一种自由基强抑制剂,可以抑制由于吸烟引起的肿瘤发生。各类茶中以绿茶的茶多酚保留最多,因此常饮绿茶可助防癌。

十二、茶能减轻辐射

第二次世界大战时,广岛原子弹爆炸后的幸存者中,不少人因受到原子辐射，相继发生怪病陆续死亡。日本的调查发现，嗜茶者以及迁移到茶区居住，并大量饮茶的蒙难者不仅存活率高，而且体质良好。这一调查使科学家对茶的防辐射作用发生了浓厚兴趣并进行了大量的实验。有的科学家用从茶叶中提取的多酚类化合物饲养白鼠，然后再用致死剂量的放射性元素对白鼠进行辐射处理，结果发现，用茶多酚饲养的白鼠大部分存活，而对照组的白鼠则全部死亡。

研究表明，茶多酚及其氧化物具有吸收放射性物质的能力。喝茶能有效地防止辐射引起的白细胞下降。目前研究表明，对辐射损伤具有保护作用的主要是绿茶类。茶多酚类是茶叶抗辐射的主要活性物质之一，乌龙茶、红茶、黑茶经发酵或后发酵，茶多酚氧化，从而降低了抗辐射的能力。

因此，不少专家建议，经常接触放射源或天天看电视的人要多饮茶，尤其是绿茶。

十三、茶能延缓衰老

虽然人不可能“长生不老”，但是可以延缓衰老，延长寿命。人为什么会衰老？多数专家认为衰老的主要原因是人体内产生过量的自由基引起的。自由基是人体在呼吸代谢过程中产生的一种化学性质非常活泼的物质，它在人体中使不饱和脂肪酸氧化，并产生祸脂素，这种祸脂素在人的手、脸等皮肤上沉积，就形成所谓的“老年斑”，在内脏和细胞表面沉积，就促使脏器衰老。

茶多酚具有很强的抗氧化性和生理活性，是人体自由基的清除剂。研究表明,1毫克茶多酚清除对人体有害的过量自由基的效能相当于9毫克超氧化歧化酶,大大高于其他同类物质。茶多酚能控制人体中产生的过氧化脂质,防止老化,同时茶多酚控制脂肪酸的过氧化作用达74%,大大超过了维生素E的作用。

茶叶中含有的茶多酚、维生素C、维生素E、类胡萝卜素、硒等成分,均具有抗氧化的作用;茶多糖和茶氨酸具有增强人体免疫功能的作用。大量医学研究和统计调查资料都证明了饮茶可延缓衰老、使人健身长寿的说法是可信的。所以说,常饮茶有助于延年益寿。

十四、介绍几种茶的功效

茶的种类有很多,功效略有差别,下面分别介绍绿茶、白茶、黄茶、青茶(乌龙茶)、红茶、黑茶、普洱茶的功效。

(一)绿茶的功效

绿茶的儿茶素含量较红茶高,其中龙井茶最高,其次为日本绿茶和茉莉花茶。

绿茶有各种益于人身心的功效:提高老年人的识别功能;预防心脏动脉硬化;抗菌抗衰老;降脂瘦身;防龋齿、清口臭;改善消化不良;美白、防紫外线等作用。

唐代《本草拾遗》中对茶的功效有"久食令人瘦"的记载。因为茶叶有助于消化和降低脂肪的重要功效,用当今时尚语言说,就是有助于减肥。这是由于茶叶中的咖啡因能提高胃液的分泌量,可以帮助消化，增强分解脂肪的能力。所谓“久食令人瘦”的道理就在这里。但中医认为，体质虚寒人士不宜饮太多绿茶，若饮茶后有胃痛、没有胃口等现象，最好少饮为佳或饮前先吃点东西。

（二）白茶的功效

白茶具有特异的品质和保健功能，其药用价值很早就被人们认识。由于其奇异制法，是最阴冷性的饮料，具有健胃提神，祛湿退热之功效，是一种治热症的良药。在我国华北及福建产地被广泛视为治疗养护麻疹患者的良药。故清代名人周亮工在《闽小记》中载：“白毫银针，产太姥山鸿雪洞，其性寒，功同犀角，是治麻疹之圣药。”港澳地区及东南亚各国居民均酷爱饮用白茶，作为一种治热症的良药，其陈茶的治病功效比新茶更佳。

白茶中的多酚类含量较高，而且白茶的黄酮类化合物在加工中较好地保留了槲皮素，具有明显的降低血管通透性的作用。另据美国癌症研究基金会的研究资料表明，白茶是一种新的抗癌物质，能不断抑制、缩小肝癌的肿块，提高人体免疫功能；美国佩斯大学进行的最新研究表明，白茶提取物对导致葡萄球菌感染、链球菌感染、肺炎等细菌生长具有预防作用。

六大茶类中，白牡丹的咖啡因含量位居各类茶之首，其鲜叶中的黄烷醇总量最高，毛茶中黄烷醇的含量仅次于炒青绿茶，可以说白茶的兴奋、抗疲劳、利尿等作用比其他茶类显著。

由于白茶特殊的加工工艺，较好地保留了人体所必需而其他茶类含量较少的活性酶，长期饮用白茶可以显著提高人体内脂蛋白脂肪酶，促进脂肪分解代谢，有效控制胰岛素分泌量，延缓葡萄糖的吸收，分解体内多余的糖分，促进血糖平衡。

（三）黑茶的功效

黑茶中含有较丰富的营养成分，最主要的是维生素和矿物质，另外还有蛋白质、氨基酸、糖类物质等。对主食牛、羊肉和奶酪，饮食中缺少蔬菜和水果的西北地区的居民而言，长期饮用的黑茶是他们人体必需矿物质和各种维生素的重要来源，有“生命之茶”之说。黑茶的主要功用有：补充膳食营养；助消化，解油腻，顺肠胃；降脂，减肥，软化人体血管，预防心血管疾病；抗氧化，延缓衰老，延年益寿；抗癌，抗突变；降血压；改善糖类代谢，降血糖，防治糖尿病；杀菌，消炎；利尿解毒，降低烟酒毒害。

（四）青茶（乌龙茶）的功效

绿茶和乌龙茶是由同一种茶树所生产出来的。最大的差别在于有没有经过发酵这个过程。因为茶叶中的儿茶素会随着发酵温度的升高而相互结合，致使茶的颜色变深，但因此茶的涩味也会减少。这种儿茶素相互结合所形成的成分就是乌龙茶的多酚类。茶多酚类和具有抗氧化作用的儿茶素，都能够影响各种酵素在我们体内的活性化。茶叶中所含有的儿茶素大约有一半会转化为乌龙茶的多酚类。因此，在儿茶素的抗氧化作用和乌龙茶多酚类的双重作用之下，乌龙茶就显现出绿茶所没有的各种功效了。

经现代国内外科学研究证实，乌龙茶除了与一般茶叶具有提神益思、消除疲劳、生津利尿、解热防暑、杀菌消炎、解毒防病、消食去腻、减肥健美等保健功能外，还突出表现在防癌症、降血脂、抗衰老等特殊功效。

乌龙茶可以看作一种季节茶，秋天喝乌龙茶效果奇特。秋天天气干燥，“燥气当令”，常使人口干舌燥，宜喝乌龙茶。乌龙茶性适中，介于红、绿茶之间，不寒不热，适合秋天气候，常饮能润肤、益肺、生津、润喉，有效清除体内余热，恢复津液，对金秋保健大有好处。

(五)黄茶的功效

黄茶中富含茶多酚、氨基酸、可溶糖、维生素等丰富营养物质，对防治食道癌有明显功效。此外，黄茶鲜叶中天然物质保留有85%以上，而这些物质对防癌、抗癌、杀菌、消炎均有特殊效果，为其他茶叶所不及。同时，黄茶是沤茶，在沤的过程中，会产生大量的消化酶，对脾胃最有好处，消化不良、食欲不振、懒动肥胖等，都可饮而化之。

(六)红茶的功效

红茶中的咖啡因含量与绿茶接近；氨基酸及肽、有机酸和游离糖略高于绿茶；维生素类远低于绿茶。红茶中的主要化学成分和特性与绿茶差异很大，从中医的角度上说，红茶性温，绿茶性凉。因此，红茶品质特征和保健作用也有其独特性。

红茶性温，擅温胃驱寒，能化痰、消食、开胃。可见，红茶宜脾胃虚弱者饮用。因此，在日常生活中，脾胃不好的茶人宜选用红茶进行品饮，喝红茶对健康有明显助益。

红茶可以帮助胃肠消化、促进食欲，可利尿、消除水肿，并强壮心肌功能。

红茶的抗菌力强，用红茶漱口可防滤过性病毒引起的感冒，并预防蛀牙与食物中毒，降低血糖值与高血压。

经由医学实验发现，红茶中的咖啡因借由刺激大脑皮质来兴奋神经中枢，促成提神、思考力集中，进而使思维反应更形敏锐，记忆力增强；它也对血管系统和心脏具兴奋作用，强化心搏，从而加快血液循环以利新陈代谢，同时又促进发汗和利尿，由此双管齐下加速排泄乳酸（使肌肉感觉疲劳的物质）及其他体内老废物质，达到消除疲劳的效果。

此外，红茶还具有防龋、健胃整肠助消化、延缓老化、降血糖、降血压、降血脂、抗癌、抗辐射等功效；红茶还是极佳的运动饮料，除了可消暑解渴及补充水分外，若在进行需要大量消耗体力及持久力的运动（如马拉松赛跑）前喝，因为茶中的咖啡因具有提神作用，又能在运动进行中促成身体先燃烧脂肪供应热能而保留肝醋，所以让人更具持久力。

（七）普洱茶的功效

普洱茶自古至今一直深受各地消费者的喜爱，究其原因，除了文化方面的因素之外，普洱茶独特的保健作用是吸引消费者的关键。普洱茶被誉为“减肥茶”、“美容茶”、“益寿茶”，喝普洱茶成为人们养生保健的一种时尚。

时至今日，现代科学技术的发展使人们对普洱茶的保健作用有了更为科学的认识。除了古籍记载的消食解毒、生津化痰、理气去胀等作用之外，现代医学临床验证，普洱茶除了具有一般茶叶的保健功效之外，在降血压、降血脂、减肥、预防心脑血管疾病、防癌抗癌等方面还具有明显的作用。

另外，普洱茶还具有消炎杀菌、健齿护齿、护胃养胃、抗衰老等保健作用。

第十六章　饮茶宜忌与注意事项

明代许次纾在《茶疏》中说:“茶宜常饮,不宜多饮。常饮则心肺清凉,烦郁顿释;多饮则微伤脾肾,或泻或寒。”说明饮茶必须适量。喝茶过多,特别是暴饮浓茶,对身体健康不但无益反而有害。

一、按照季节饮茶

茶叶的功效与季节变化有密切关系,不同季节饮不同品种的茶,对人体更有益。

一年四季,气候变化不一,不但寒暑有别,而且干湿各异,在这种情况下,人的生理需求是各不相同的。因此,从人的生理需求出发,结合茶的品性特点,最好能做到四季选择不同的茶叶饮用,使饮茶达到更高的境界。

(一)春饮花茶

春天,雪化冰消,风和日暖,万物复苏。但在春季人们却普遍感到困倦乏力,表现为春困。这时宜饮些清香四溢的花茶,用以散发冬天积聚在体内的寒邪,促使人体阳气生发,二则有助于理郁,去除胸中浊气。

花茶是集茶味之美、鲜花之香于一体的茶中珍品。“花引茶香，相得益彰”，它是利用烘青毛茶及其他类毛茶的吸味特性和鲜花的吐香特性的原理，将茶叶和鲜花拌和窨制而成，以茉莉花茶最为有名。

注意，春季不宜过多地喝刚刚采制完毕的新鲜绿茶，虽然新茶赏心悦目、鲜爽可口，但春寒未远，新茶寒火过重，对人体健康有碍，体质寒者尤其不宜。

（二）夏饮绿茶

夏天，气候炎热，盛暑逼人，人体大量出汗，人体津液大量耗损，需要消暑解渴。此时，以饮用性味苦寒的绿茶为宜，清汤绿叶，给人以清凉之感，用以消暑解热。绿茶内茶多酚、咖啡因、氨基酸等含量较多，有刺激口腔黏膜，促进消化腺分泌的作用，利于生津，为盛夏消暑止渴之佳品。

要注意的是不要贪图痛快而喝凉茶，凉茶不利于发汗；也不要喝太烫的茶，烫茶损伤味蕾和食道。除绿茶外，上好的铁观音、台湾高山茶都是不错的选择。

（三）秋饮青茶

秋季，天气凉爽，气候干燥，余热未消，令人口干舌燥，嘴唇干裂，中医称之“秋燥”，人体津液未完全恢复平衡。此时，以饮用青茶（乌龙茶）为好，青茶属半发酵茶，介于绿、红茶之间。色泽青褐，冲泡后可看到叶片中间呈青色，叶缘呈红色，素有“绿叶镶红边”的美称，既有绿茶的清香和天然花香，又有红茶醇厚的滋味。青茶不寒不热，既能消除余热，又能恢复津液。

铁观音是最有名的乌龙茶之一。铁观音分春茶和秋茶，素有“春水秋香”之说，意思是春茶韵味悠长，茶汤淡雅含蓄；秋茶香气高远，茶汤粗犷张扬。此两者各具特色，建议春季宜饮秋茶，秋季宜饮春茶。

(四)冬饮红茶

冬季，天寒地冻，万物蛰伏，北风凛冽，寒气袭人，人体阳气易损。红茶味甘性温，红叶红汤，给人以温暖的感觉，可以温育人体的阳气，尤其适宜于妇女。红茶可加奶或糖，故有生热暖胃之功，同时红茶有助消化去油腻之功，于冬季进补肥腻时有利。另外，好的熟普洱茶不仅可以暖胃去寒，还可以消食化积，也是不错的选择。

红茶类在加工过程中经过充分发酵，使茶鞣质氧化，故又称全发酵茶。茶鲜叶经过氧化后形成红色的氧化聚合产物——茶黄素、茶红素、茶褐素，这些色素一部分溶于水，冲泡形成了红色茶汤。冲泡红茶，宜用刚煮沸的水冲泡，并加以杯盖，以免释放香味。

二、根据体质选茶

喝茶有益于身体健康，但由于茶叶有寒凉、温和性之分，每个人体质不同，习惯有别，因此，每个人更适合喝哪种茶，应因人而异，要根据个人的身体状况和体质选择适合自己的茶叶饮用。

绿茶性凉而微寒，味略苦，适合胃热者饮用；且有清头润肺、生津利便的功效，喝了使人有清凉之感，但不适合手足易凉、体寒的人饮用。这些人以选择红茶为好，因为红茶茶性温，喝了有祛寒暖胃的功效。胃部常感不适或有胃病的，也应改喝绿茶的习惯而饮红茶，如饮用滇红、祁红等，还可以在茶汤中加些牛奶和糖等。对于身体肥胖的人，饮乌龙茶及云南普洱茶更为适合。

乌龙茶不寒不热，辛凉甘润，是一种中性茶，适合大多数人饮用；白茶温凉、平缓、味甘甜，适合中老年人饮用；黄茶性凉微寒，胃热者适合饮用；普洱茶温醇平和，男女老少皆宜；花茶温凉，沁人心腑，益脾安神，芳香开窍解郁闷，宜早晚饮用。

三、妇女应少饮茶

妇女在孕期、哺乳期、月经期时，适当饮些清淡的茶叶，是有益无害的，但是最好少饮茶，或者只饮淡茶、脱咖啡因茶等，并严格掌握好饮茶时间，尤其忌讳喝浓茶。因为茶叶中的茶多酚对铁离子会产生结合作用，使铁离子失去活性，这有可能导致处于“三期”的妇女发生贫血。

茶叶中咖啡因对神经和心血管有一定刺激作用，如果妇女经期饮浓茶，将使经期基础代谢增高，可能会引起痛经、经血过多，甚至经期延长等现象。

茶叶中含有大量茶多酚、咖啡因等，对胎儿在母腹中的成长有许多不利因素，为使胎儿的智力得到正常发展，避免咖啡因对胎儿的过分刺激，孕妇应少饮或不饮茶。

哺乳期妇女饮浓茶，有可能产生两种副作用：一是浓茶中茶多酚含量较高，一旦被哺乳期妇女吸收进入血液后，便会收敛乃至抑制分泌，最终影响哺乳期奶水的分泌；二是浓茶中的咖啡因含量相对较高，被母亲吸收后，会通过奶汁进入婴儿体内，对婴儿起到兴奋作用，或者发生肠痉挛，以致出现婴儿烦躁啼哭。

四、儿童宜饮淡茶

儿童可以饮茶，但不适宜大量饮茶。而且，儿童饮用的茶宜淡。

儿童适当饮茶可以预防龋齿的发生，如果饭后用茶水漱口，这样对清洁口腔和防止龋齿都有很好的效果。用于漱口的茶水可以浓一些。

儿童适量饮茶，可以去腻减肥，轻身健体，预防心血管疾病。只要其他营养成分跟得上，也不会影响孩子的健康。茶中含有很多对儿童有益的成分，如多种维生素，所以大可不必因噎废食。关键是饮茶要适量，尤其不能喝浓茶。因为儿童时期的心、脑、肾等各个脏器生长发育不全，代谢特点也与成人有异，所以要注意以下几点：

· 量要适中，每天不超过2～3小杯。

· 要清淡，其浓度大约为成人浓度的三分之一。

· 饭后不宜马上饮茶，以免影响机体对食物中矿物质的吸收。

· 临睡前不宜饮茶，以免儿童出现兴奋、失眠。

五、新茶饮用并非越快越好

所谓新茶是指采摘下来不足一个月的茶叶，从营养学角度来讲，最新鲜的茶叶其营养成分不一定是最好的。因为这些新茶含较多未经氧化的多酚类、醛类、醇类，对人体胃、肠黏膜有较强的刺激作用，饮后易发生胃痛、腹胀。另外，新鲜绿茶中活性较强的鞣酸、咖啡因、生物碱等物质也易使人出现头晕、恶心、出汗、失眠等症状。新茶对病人来说更不好，像一些患有胃酸缺乏的人，或者有慢性胃溃疡的老年患者，更不适合喝新茶。新茶会刺激他们的胃黏膜，产生肠胃不适，甚至会加重病情。经发酵或后发酵的青茶、红茶、黑茶、白茶由于多酚的转化，对胃肠道的刺激会小很多。

另外，不论哪一种新茶，在干燥避光的环境下适当地存放，会有利于成品茶香、味与茶性的稳定，这称之为“后熟作用”。所以，新茶饮用并不是越快越好。

六、饮茶之忌

(一)忌饮高浓度的茶

茶叶中含有较多的生物碱，一次饮茶太多易使中枢神经过于兴奋，心跳加快，增加心肾负担，晚上还会影响睡眠；过高浓度的咖啡因和多酚类等物质对肠胃会产生强烈刺激，会抑制胃液分泌，影响消化功能等等。所以，饮茶量和饮茶浓度是合理饮茶所要考虑的重要内容。

由于浓茶中的茶多酚、咖啡因的含量很高，刺激性过于强烈，会使人体的新陈代谢功能失调，甚至引起头痛、恶心、失眠、烦躁等不良症状。

平时很少喝茶的人不宜选择对胃刺激性大的不发酵茶（绿茶），饮茶浓度（茶水比）不宜超过1∶50。

如果空腹饮浓茶将造成食欲不振，消化不良，长此以往，使人过于消瘦，不利于身体健康，因此饮茶不宜过浓。

（二）忌饮高温度的茶

水温太高不但烫伤口腔、咽喉及食道黏膜，长期的高温刺激还是导致口腔和食道肿瘤的一个诱因。在早期饮茶与癌症发生率关系的流行病学调查中，曾发现有些地区的食道癌与饮茶有一定的相关性，后来进一步的研究证明这是长期饮烫茶的结果，而不是茶叶本身所致。由此可见，饮茶温度过高是极其有害的。

（三）忌饮冲泡次数过多的茶

一杯茶，经三次冲泡后，90%以上可溶于水的营养成分和药效物质已被浸出。第四次冲泡时，基本上已没什么可利用的物质了。如果继续多次冲泡，那么，茶叶中的一些微量有害元素就会被浸泡出来，不利于身体健康。

（四）忌饮不冲洗的茶

有些茶友在喝一些刚下来的新鲜绿茶时舍不得洗，认为翠绿的茶叶很干净，这是不对的。茶叶在栽培与加工过程中受到农药、尘螨等有害物的污染，茶叶表面总有一定的残留，所以，头遍茶有洗涤作用，应弃之不喝。还有一些茶友在喝远年普洱、老黑茶时觉得珍贵，不肯冲洗，其实这种茶尤要认真用沸水冲洗，因为在长期的存放中，大量尘螨附在茶上，对人有害，过敏性体质的人尤要注意洗茶。

（五）忌饭前、饭后大量饮茶

饭前半小时以内不要饮茶，这是因为饭前大量饮茶，一则会冲淡唾液，二则影响胃液分泌。这样，会使人饮食时感到无味，而且茶叶中的多酚类化合物等与食物营养成分发生反应，影响食物的消化与吸收。但如果为了减肥，正可如此饮用。

饭后饮杯茶，有助于消食去脂。但不宜饭后立即饮茶。因为茶叶中含有较多的茶多酚，它与食物中的铁质、蛋白质等会发生凝固作用，从而影响人体对铁质和蛋白质的吸收，使身体受到影响。应该把饮茶时间安排在饭后一小时左右。

（六）忌同时喝奶又饮茶

在喝牛奶或其他奶类制品时不要同时饮茶。茶叶中的茶碱和单宁酸会和奶类制品中的钙元素结合成不溶解于水的钙盐，并排出体外，使奶类制品的营养价值大为降低。

（七）忌喝隔夜茶

隔夜茶因时间过久，维生素大多已丧失，且汤中蛋白质、糖类等成为细菌、真菌繁殖的养料，故不宜饮用。但未变质的隔夜茶仍可饮用。茶水放置时间长了会变红，这是由于茶多酚氧化成了茶色素。研究表明，茶多酚和茶色素均有很强的抗癌、抗氧化作用，虽然说隔夜茶中维生素 C 的含量大大减少，但依然具有保健功能。

当然，我们最好养成“随泡随喝”的习惯，不喝长时间浸泡的茶，不留隔夜茶。

七、预防“茶醉”

酒喝多了令人醉，但茶喝多了也会醉人。“茶醉”是指饮茶过浓或过量所引起的心悸、头晕、胃部不适、想吐、烦躁、四肢无力、站立不稳等现象。一旦发生这种情况，只要停止饮茶，喝些糖水，吃些水果，即可得到缓解。

饮茶之所以会发生茶醉现象，主要是因咖啡因强而有力地刺激中枢神经，使之兴奋过度。茶叶中含有较多的多酚类和生物碱等物质，这些成分对脾胃的刺激也会促进茶醉的发生。

发生茶醉的原因，一般有以下三种：一是空腹饮茶；二是平日喝的是发酵程度重的茶，例如大红袍、红茶、渥堆普洱等，突然改喝发酵轻或不发酵的茶，如绿茶或普洱生茶，因为这些不发酵茶所含的茶多酚和咖啡因较高，又喝得量大，就会发生茶醉；三是平日很少喝茶的人，稍微多喝，就可能过量而发生茶醉。

八、慎用茶水服药

能否用茶水服药，不能一概而论。在多数情况下不主张用茶水服药，尤其是某些含铁剂、含铝剂、补血糖浆、蛋白酶、多酶片等，由于茶叶中的多酚类物质会与这些药物的有效成分发生化学反应，影响药效，所以不能用茶水服用。

有些中草药如麻黄、黄连等一般也不宜与茶水混饮。另外，茶叶中含有咖啡因，具有兴奋作用，因此，服用镇静、催眠、镇咳类药物时，也不能用茶水服用。一般认为，服药后两小时内不宜饮茶。

然而，服用维生素类药物、利尿剂、降血脂、降血糖药物时，一般可以用茶水送服。例如服用维生素C后饮绿茶，这些茶叶中的儿茶素有助于维生素C在人体内的吸收和积累；茶叶本身具有兴奋、利尿、降血脂、降血糖等功效，服用这类药物时，茶水有增效作用。

九、冠心病患者需酌情饮茶

冠心病患者能否饮茶，须视患者的病情而定。冠心病有心动过速和心动过缓之分。茶叶中的生物碱，尤其是咖啡因和茶碱，都有兴奋作用，能增强心肌的机能。因此，对心动过速的冠心病患者来说，宜少饮茶、饮淡茶、甚至不饮茶，以免因多喝茶或喝浓茶促使心跳过速。有前期收缩或心房纤颤的冠心病人，也不宜多喝茶、喝浓茶，否则会促使发病或加重病情。但对心动过缓，或窦房传导阻滞的冠心病人来说，其心率通常在每分钟60次以内，应适当多喝些茶，甚至喝一些偏浓的茶。这不但无害，还可以提高心率，有配合药物治疗的作用。所以，冠心病患者能否饮茶，要因病而异，不可一概而论。

十、神经衰弱者晚上不宜饮茶

一般来说，临睡前不宜喝茶。因为茶叶中咖啡因使人兴奋，影响入眠，另一方面，因饮茶而摄入过多水分，引起夜间尿多，这也会影响睡眠。

神经衰弱者的主要症状是夜晚不能入睡，白天无精打采。从改善神经衰弱症状的角度看，喝淡茶为好。淡茶内茶碱含量较少，能提神醒脑，恢复体力，使人保持清醒，而且不会影响睡眠。

神经衰弱患者往往害怕饮茶，认为饮茶后，刺激神经，可能更加睡不着觉。实际上，从辨证施治的观点来看，要使患者夜晚能睡得香，必须在白天设法使其达到精神振奋。因此，对神经衰弱患者来说，可以在上午及午后各饮一次茶，以达到振作精神的目的，晚上则不能饮茶。这样，患者会白天精神振奋，夜间平复情绪，就可以安稳入睡。

十一、部分患者不宜饮茶

(一)胃溃疡患者不宜饮茶

茶是一种胃酸分泌刺激剂，饭前饭后大量饮茶会冲淡胃液，影响消化。大量饮茶，会引起胃酸分泌量加大，增加对溃疡面的刺激，影响溃疡面的愈合。所以，溃疡病患者应少饮茶，尤其不能大量饮浓茶。

不过，对于轻微患者，可以在服药两小时后饮些淡茶，加糖红茶、加奶红茶有助于消炎和胃粘膜的保护，对溃疡也有一定的作用。

(二)发烧时不宜喝茶

茶叶中咖啡因不但能使人体体温升高，而且还会降低药效。

(三)肝脏病人不宜饮茶

茶叶中的咖啡因等物质绝大部分经肝脏代谢，若肝脏有病，饮茶过多超过肝脏代谢能力，就会有损于肝脏组织。

(四)贫血患者不宜饮茶

如果是缺铁性贫血，最好不饮茶，因为茶叶中的茶多酚很容易与食物中的铁发生化合反应，形成不溶性的结合物，所以缺铁性贫血患者不宜饮茶。

对其他贫血患者来说，因多数气血两虚，身体虚弱，而喝茶有消脂、瘦身的作用，因此，也以少饮茶为宜，特别是要防止过量或过浓饮茶。

(五)便秘时不宜饮茶

因为茶叶的儿茶多酚类物质对肠胃类黏膜具有一定的收敛作用，因而影响了对食物的消化吸收功能，使大便干结，引起便秘或加重便秘。

(六)营养不良不宜饮茶

茶叶有分解脂肪的功能，营养不良的人，再饮茶分解脂肪，会使营养更加不良。

（七）尿结石患者不宜饮茶

尿路结石通常是草酸钙结石，由于茶含有草酸，会随尿液排泄的钙质会形成结石，若尿结石患者再大量饮茶，会加重病情。

（八）脾胃虚寒者不宜喝浓茶

茶叶中含的茶多酚，会对胃部产生强烈刺激，影响胃液的分泌，从而影响食物消化，进而产生食欲不振，或出现胃酸、胃痛等不适现象。所以，脾胃虚寒者，要尽量少饮茶，尤其不宜喝浓茶和饭前饮茶。这类患者，一般可在饭后至少一小时以后喝杯淡茶。在茶类选择上，以喝性温的红茶为好。

第十七章　茶叶的保质、包装与储存

茶叶储存就是在茶叶基本包装的基础上，确保茶叶保持原有品质所进行的一个过程。

一、茶叶的保质期

有些人不知道茶叶也有保质期，茶叶经销商也不愿承认，所以许多茶叶的包装上不注明保质期。实际上，目前国家以食品卫生标准为依据制定了茶叶标准，对保质期也作出了限定。

茶叶是一种饮品，当然有保质期。过了保质期或者存放不适当，茶叶同样会霉变。霉变的茶叶不能再喝了。通常，密封包装的茶叶保质期是 12 个月至 24 个月不等，在茶叶的包装袋上会标明。散装茶叶保质期更短，在购买时，尽量选当年的新茶买。茶叶保质期与茶的品种有关，不同的茶保质期也不一样。像云南的普洱茶，少数民族的砖茶，陈化的反而好一些，保质期可达 10～20 年。又如武夷岩茶，隔年陈茶反而香气馥郁、滋味醇厚；湖南的黑茶，湖北的茯砖茶，广西的六堡茶等，只要存放得当，不仅不会变质，甚至能提高茶叶品质。

判断茶叶是否过期，主要有以下几个方面：一是看是否发霉或出现陈味。二是看茶汤颜色，如绿茶是否变红，汤色是否变褐、变暗。三是品滋味，主要看茶汤的浓度、收敛性和鲜爽度。如果是散装茶叶，买回家已超过一年，应慎重饮用。

当然，一般人都对变质的食品有本能的辨别能力，茶叶一般放在干燥阴凉处保存，只要闻着还是茶叶原有的香味和色泽就可以，保存不好变质的茶叶会有霉味和一些异味。

二、茶叶的包装

茶叶中的高分子化合物生性活泼易吸附气味，应严防茶叶与有异味的物质接触，贮藏容器也必须保持清洁无味。

茶叶的商品包装应尽量减少“开封”、“包装”的次数，最好制作完成后一次包装，直到消费者打开享用。

传统的散装茶做法是工厂制作完毕后以大布袋或大纸箱送至门市，门市将之倒入大茶桶，取一部分到小茶桶摆在架子上卖，客人买时从小茶桶内取一些出来，以小纸袋或塑料袋装给客人，客人回家后将之倒在罐子内，冲泡时再从罐子内把茶取出。茶叶经过这么多次的拨弄，吸湿、吸味、破碎难免。现在，一次性真空小包装已经非常普及了，这种小包装取用方便，能解决大包装开封后茶叶难保存的问题，适合家庭贮藏与保管，且外出旅行和茶会时应用也很方便，是目前流行的趋势。

三、茶叶储存的要点

茶叶是疏松多孔的干燥物质，容易吸湿及吸收异味，收藏不当很容易发生不良变化，如变质、变味和陈化等。因此，应特别注意包装是否妥当以及储存期间的防潮及防异味污染，以确保茶叶的品质。

造成茶叶变质、变味、陈化的主要因素有：光线、温度、茶叶水分含量、空气湿度、氧气等。如果降低或消除这些因素，茶叶就可长时间保存而不影响质量。

（一）温　度

茶叶冷藏的适宜温度为0℃～5℃。如果把茶叶储存在0℃以下的地方，较能抑制茶叶的陈化和品质的损失。温度越高，茶叶品质变化越快。平均每升高10℃，茶叶的色泽褐变速度将增加3～5倍。使得绿茶不绿，红茶不鲜，花茶不香。温度越高，茶叶的陈化越快，因此要维持或延长茶叶的保质期，应采用低温保存，最好能将温度控制在0℃～5℃之间。

（二）水　分

茶叶贮藏的最佳含水量是3%，一般的茶叶含水量若能保持在3%～5%即不容易劣变。可用触摸法鉴别，如抓一小撮茶叶用手指捻搓，若能搓成粉末即表示干燥度尚佳。当茶叶的水分含量超过5%时，水分就会转变成溶剂作用，引起激烈的化学变化，加速茶叶的变质。特殊茶另当别论，如普洱茶贮藏中要求的含水量较高。

（三）氧　气

如果茶叶储藏不当，进入氧气，会加快茶叶的氧化，影响茶叶的品质。茶中多酚类化合物的氧化、维生素C的氧化及茶黄素、茶红素的氧化聚合都和氧气有关。这些氧化作用会产生陈味物质，既降低了茶叶的营养价值，又使茶叶变褐，失去鲜爽滋味。

（四）光　线

茶叶在储藏过程中，受到光线照射会影响品质，甚至失去饮用价值。光能促进植物色素或脂质的氧化，特别是叶绿素易受光的照射而褪色，其中紫外线最为显著。如果将茶叶放在日光下晒一天，茶叶的色泽、滋味就有很大的变化，芳香物质就会减少，氧化产物增多，并且有“口臭气味”，可使茶叶鲜度丧失。

所以，不要忽视光线对茶叶质量的影响，特别是高档茶叶，对光反应特别敏感，这种影响就更大。根据茶叶的以上特性，我们必须采用不透光的材料包装与贮存茶叶，防止光化学反应导致的品质劣变。

四、家庭储存茶叶的方法

若想常有新鲜的好茶喝，使茶叶在储存期间保持其固有的颜色、香味、形状，必须让茶叶处于充分干燥的状态下，绝对不能与带有异味的物品接触，并避免暴露与空气接触和受光线照射；要注意茶叶不受到挤压、撞击，以保持茶叶的原形、本色和真味。

除了一些专业的发烧友，一般人家中都不适合较长时间存茶。存茶是件很专业的事情，所以家庭用茶最好少量购买或以小包装存放，减少打开包装的次数，避免接触空气。这样就既能保质，又冲泡方便。装茶叶的时候，要尽量装满不留空隙，可减少罐内的空气，以利于保持茶叶的品质。

原则上，茶叶买回来之后，最好尽快喝完。绿茶在一个月之内，趁新鲜喝完最好。其余，如半发酵茶或全发酵的茶，也要在半年内喝完。

启封后一时用不完的，应立即重新包装贮藏，才能保持茶叶原有的品质。目前冰箱、冰柜比较普及，凡有冷藏条件的，最好冷藏保存茶叶。将扎紧袋口的茶叶放在冰箱内。温度控制在5℃以下，可储存一年以上。温度越低，保质效果越好。此法特别适宜储藏名茶和茉莉花茶，但需防止茶叶受潮。

五、老茶如何存放

众所周知，云南普洱茶是越陈越珍贵，适于收藏。但是市场上所说的老茶不仅指普洱茶，也指某些乌龙茶。传统焙火型乌龙茶也是存放时间越久越好，越发令人回味无穷，叫作“陈年老茶”。这种老茶与云南普洱茶有着不同的制作工艺，普洱是以晒青毛茶为原料制作的紧压茶或散茶，而老茶（陈年乌龙）是用优质的高山乌龙茶品种制成的部分发酵茶，成品茶要用焙笼覆火，用木炭低温慢焙十几个钟头，然后再行存放。老茶存放不需要真空包装，要与空气接触，氧化后产生出陈香味，但不能受潮，需要通风和干燥。通过这样年复一年的存放，茶汤颜色会较原有的显得更红，且具陈香，口感厚重，持久耐泡，既有普洱茶的陈香，又有乌龙茶的韵味，耐人寻味。

第十八章 中国民俗茶艺

少数民族的饮茶多以调饮为主，无论是白族的三道茶、藏族的酥油茶、侗族的打油茶、维吾尔族的奶茶和回族罐罐茶等，都加以各式配料一起冲泡或熬煮。他们根据生活环境、生活习惯创造了许多别具一格的饮茶方式，极大地丰富了饮茶艺术。

一、客家擂茶

客家人作为我国汉族的一个重要的支系，广泛分布于湖南、湖北、江西、福建、广西、四川、贵州等地。擂茶流行于我国南方客家人聚居地，是客家人的传统饮茶习俗。

擂茶是我国绚丽多姿的茶文化百花园中的一朵奇葩，是我国古代饮茶风俗习惯的延续，今天我们称它为古代文明的活化石。

擂茶在原有的基础上逐渐发展成社交的礼俗，客家人热情好客，以擂茶待客更是传统的礼节，无论是婚嫁喜庆，还是亲朋好友来访，即请喝擂茶。一般人们中午干活回家，在用餐前总以喝几碗擂茶为快。有的老年人倘若一天不喝擂茶，就会感到全身乏力，精神不爽，视喝擂茶如同吃饭一样重要。不过，倘有亲朋进门，那么，在喝擂茶的同时，还必须配有几碟茶点。茶点以清淡、香脆食品为主，诸如花生、薯片、瓜子、米花糖、炸鱼片之类的佐茶食品，以增加喝擂茶的情趣。

擂茶不仅味浓色佳，而且能提神去腻、清心明目、健脾养胃、滋补益寿。擂茶对客家人来说既是解渴的饮料，又是健身的良药。

擂茶的材料因地方和个人的喜好，略有不同。但基本的材料如茶叶、花生、芝麻、生姜、大米是不可少的，其他有加入地方特产和个人喜好的材料，如湖南、江西等地大都是用绿茶，福建、广东、台湾用乌龙茶。芝麻有炒熟的，有的用生的，生姜大都一致。

在基本配方的基础上，还可根据季节变化和客人的口味灵活调整配方。例如：冬春一般加生姜、肉桂用以温通经脉、通阳化气、祛湿驱寒。夏天可加鱼腥草、藿香，制成防暑擂茶，或加金银花、荷叶、淡竹叶、薄荷等制成清凉解毒擂茶。秋天可加贡菊或杭白菊。对于喜欢喝香茶的人，可将芝麻炒过（或一部分炒过）再擂，亦可加入炒花生米、炒黄豆等。若用黑芝麻打擂茶，则美容养颜的效果更好。

（一）制作擂茶的工具

一套擂茶的茶具有三样，俗称“擂茶三宝”。一是内壁有辐射状纹的陶制擂钵；二是以油茶树木或山楂木制成的擂棒；三是以竹片编成的捞滤碎渣的捞瓢。

（二）制作方法

首先用热水将茶具冲洗干净。然后把茶叶、芝麻、花生仁、生姜、甘草、胡椒、食盐等放入特制的陶质擂钵内，手握擂棒沿钵内壁顺沟纹走向有规律旋磨，间或钵中间擂击，将茶叶等研成碎泥，在擂磨时酌量加些凉开水。然后用捞瓢捞起，并滤去渣，这种糊状物即为"擂茶脚子"，再将脚子放在茶碗里，冲入沸水，适当搅拌，即成为一碗香、甘、爽口的擂茶。

二、藏族酥油茶

藏族主要分布在中国西藏、云南、四川、青海、甘肃等省。西藏地势高亢，有世界屋脊之称，空气稀薄，气候高寒干燥。当地蔬菜瓜果少，常年以奶肉、糌粑为主食。因此，人体不可缺少的维生素等营养成分主要靠茶叶来补充。"其腥肉之食，非茶不消；青稞之热，非茶不解"，茶成了当地人补充营养的主要来源之一，喝酥油茶如同吃饭一样重要。

(一)制作方法

酥油茶是一种在茶汤中加入酥油等佐料经加工而成的茶汤。酥油，是把牛奶或羊奶煮沸，经搅拌冷却后凝结在表面的一层脂肪。而茶叶一般选用的是紧压黑茶。制作时，先将紧压茶打碎加水在壶中煎煮20～30分钟，再滤去茶渣，把茶汤注入长圆形的打茶筒内。同时，再加入适量酥油，还可根据需要加入事先已炒熟、捣碎的核桃仁、花生米、芝麻粉、松子仁之类，最后还应放上少量的食盐、鸡蛋等。接着，用木杵在圆筒内上下抽打。根据经验，打茶筒内发出的声音由"咣当、咣当"转为"嚓、嚓"时，表明茶汤和佐料已融为一体，酥油茶才算打好了，随后将酥油茶倒入茶碗待喝。

茶味的浓淡、酥油的多少及咸淡，因人而异。一般体力劳动者，尤其是男性，喜茶味浓重、酥油多得喝起来拉粘儿的酥油茶，而老人、儿童、女性，则茶味倾向于清、淡、香。酥油茶不宜喝冷的，否则伤肠胃。

(二)喝茶礼仪

敬酥油茶是藏人款待宾客的珍贵礼仪。所以，喝酥油茶是很讲究礼节的，宾客进门入座后，主妇很有礼貌地按辈分大小，先长后幼，向宾客一一倒上酥油茶，再热情地邀请大家用茶。这时，主客一边喝酥油茶，一边吃糌粑。酥油茶清香可口，比奶油还好喝，但不能一口喝完，否则被认为是不礼貌、不文明的。一般每喝一碗茶都要留下少许，这被看作是对主妇打茶手艺不凡的一种赞许，这时主妇早已心领神会，又来斟满。

如果不喜欢喝，也可不喝。但是如果喝了一半不想喝了，要等主人添满，放在一边，告辞时再一饮而尽，这才不至于失礼。

三、蒙古族咸奶茶

蒙古奶茶是蒙古族牧民日常生活中不可缺少的饮料。奶茶所用的茶叶是青砖茶，因为砖茶含有丰富的维生素 C、单宁、蛋白质、氨基酸、芳香油等人体必需的营养成分。

蒙古族主要居住在内蒙古及其边缘的一些省区，喝咸奶茶是蒙古族的传统饮茶习俗。每日清晨，主妇第一件事就是先煮一锅咸奶茶，供全家整天享用。蒙古族喜欢喝热茶，早上他们一边喝茶，一边吃炒米。将剩余的茶放在微火上暖着，供随时取饮。通常一家人只在晚上放牧回家才正式用餐一次，但早、中、晚三次喝咸奶茶一般是不可缺少的。牧民喝奶茶时，还要泡着吃些炒米、黄油、奶豆腐和手把肉，这样既能温暖肚腹，抵御寒冷的侵袭，又能够帮助消化肉食，还能补充因吃不到蔬菜而缺少的维生素。所以。在牧区有一句俗话说："宁可一日无食，不可一日无茶。"的确，蒙古族牧民的一天就是从喝奶茶开始的，这种嗜好在蒙古族是作为一种历史文化表现延续至今。

(一)制作方法

先要将青砖茶用砍刀劈开，放在石臼内捣碎后，取茶叶约25克，置于碗中用清水浸泡。生起灶火，架锅烧水，水必须是新打出来的，否则口感不好。水烧开后，倒入另一锅中，将用清水泡过的茶水也倒入，再用文火熬三分钟，火候的掌握十分重要，温火最佳，火候太大，破坏茶所含的维生素，火候太小，茶味不够。燃料干牛粪必须要干透才行，不能使用发霉变质的，使烟串入茶叶中影响茶味。

然后放入几勺鲜奶，用勺扬至茶乳交融，再次开锅即成为馥郁芬芳的奶茶了。再放入少量食盐，但也有的地方不加食盐，只是把盐碟放在桌上，喜欢喝盐味的就加盐，不喜欢盐味的则不加盐。

煮咸奶茶看起来比较简单，其实其滋味、营养成分与煮茶时用的锅、放的茶、加的水、掺的奶、烧的时间以及先后顺序都有关系。蒙古族同胞认为，器、茶、奶、盐、温五者相互协调，才能煮出咸甜相宜，美味可口的咸奶茶来。为此，蒙古族妇女练就了一手烹煮咸奶茶的功夫。从姑娘懂事开始,做母亲的就会用心地向女儿传授煮茶技艺。举行婚礼后,新娘就得当着亲朋好友的面,显露一下煮茶的本领,并亲手将煮好的咸奶茶敬献给各位宾客品尝,以示身手不凡,家教有方。

遇到节日或较隆重的场合,奶茶的配料增多,制作也复杂得多。事先要预备青砖茶碎末,以及食盐、纯碱、小米、牛奶、奶皮子、黄油渣、稀奶油、黄油、羊尾油等配料,并放在碗内备用。烧开水倒入茶叶熬成茶汁,再滤去茶叶渣,留下茶汁。将另一锅置于火上烧热,用切碎的羊尾油烧锅,将少量茶汁倒入烧开,再加入一勺小米,煮开后将剩余所有茶汁倒入锅中,沸后放一把炒米和少许黄油。最后将其他配料:牛奶、奶油、奶皮子、黄油渣、黄油混在一起放入专用的搅茶桶中搅拌,直到从混合物中分离出一层油为止,然后全部倒入滚开的茶水锅中搅拌均匀,这样,一锅飘溢着浓浓咸奶香味的高档咸奶茶就熬好了。

(二)品　尝

品尝奶茶的优劣要从茶色、香气、形态和味道四个方面进行,而且需要细细品尝,才能够体会到其味道之美。

四、维吾尔族奶茶和香茶

维吾尔族是一个具有悠久历史和灿烂文化的民族。在漫长的历史发展进程中,维吾尔族人民形成了他们独具特色的饮茶文化。

由于气候、环境、生活方式的不同,使得同一民族的喝茶要求、煮茶方法以及喝茶习惯都大相径庭。北疆以喝加奶的奶茶为主，南疆以加香料的香茶为主，但不管奶茶和香茶，用的都是砖茶。

维吾尔族奶茶的做法是先取适量的砖茶劈开，敲成小块，放入盛水八分满的茶壶内，烹煮，直到沸腾四五分钟后，放入鲜牛奶或已经熬好的带奶皮的牛奶。放入的奶量为茶汤的四分之一。再加入适量的盐，接着让其沸腾五分钟左右就算制好了。北疆伊犁等地的妇女有吃茶的习惯，具体方法是在喝完奶茶的液体后，将沉在壶底的茶渣和奶皮一起嚼食掉。

南疆的香茶，用的茶叶与煮奶茶相同，只是最后加入的佐料，不是牛奶与盐，而是用胡椒、桂皮等香料碾碎而成的细末。煮香茶通常使用的是铜制的长颈茶壶，也有用陶质、搪瓷或铝制长颈壶的，为防止倒茶时茶渣、香料混入茶汤，在壶嘴上往往套有一个网状的过滤器，以免茶汤中带渣，而且喝茶用的是小茶碗，这与北疆维吾尔族喝奶茶使用的茶具不一样。

五、回族刮碗子茶（八宝茶）

回族主要分布在中国的西北部，以宁夏、青海、甘肃最为集中。回族居住处多一般气候干燥寒冷，蔬菜缺乏，以食牛羊肉、奶制品为主。而茶叶中的大量维生素和多酚类物质，不但可以补充蔬菜的不足，而且还有助于去油除腻，帮助消化。所以，自古以来，茶一直是回族的生活必需品。

回族饮茶，方式多样，其中有代表性的是喝刮碗子茶。刮碗子茶用的茶具，俗称“三炮台”，它由茶碗、碗盖和碗托或盘组成。茶碗盛茶，碗盖保香，碗托防烫。喝茶时，一手提托，一手握盖，并用盖顺碗口由里向外刮几下，这样一则可拨去浮在茶汤表面的茶叶等物，二则使茶味与添加食物相融，刮碗子茶的名称也由此而生。

刮碗子茶用的多为普通炒青绿茶，或者夏季用青茶，冬季用红茶。盖碗茶的一大特点是所用配料花样繁多。冲泡茶时，除茶碗中放茶外，还放有冰糖与多种干果，诸如苹果片、葡萄干、杏干、核桃仁、红枣、桂圆干、枸杞子等，有的还要加上菊花、芝麻之类，通常多达八种，故也美其名曰“八宝茶”。由于刮碗子茶中食品种类较多，加之各种配料在茶汤中的浸出速度不同，因此，每次续水后喝起来的滋味是不一样的。一般说来，刮碗子茶用沸水冲泡，随即加盖，五分钟后开饮，第一泡以茶的滋味为主，主要是清香甘醇；第二泡因糖的作用，就有浓甜透香之感；第三泡开始，茶的滋味开始变淡，各种干果的味道就出来了，具体依所添的干果而定。大抵说来，一杯刮碗子茶，能冲泡 5～6 次，甚至更多。喝刮碗子茶次次有味，且次次不同，又能去腻生津，滋补强身，是一种甜美的养生茶。

喝茶礼仪

主人将配料备齐，将茶叶和各种配料放入茶碗中，为了表示对客人的敬重，主人会揭开碗盖，向客人一一介绍所用配料，然后再去沏茶。如果客人不喜加糖，应事先说明。主人介绍完后，客人应点头称谢。沏茶时，主人左手拿起碗盖，右手提一壶滚沸的开水注入茶碗内，盖上碗盖。待冲泡 5～10 分钟，将碗盖拿起来在茶碗中轻刮一下，双手捧起献给客人，并道一声“请喝茶”。冲泡时，倒水不宜过满，满则失礼。泡茶时，避免将开水溅到桌上或客人身上、衣上，以免失礼。

饮时，先将碗盖在茶碗表面轻刮几下，将浮在茶汤表面的茶叶、芝麻刮到一边，然后将碗盖斜盖在碗口上，留出一小缝饮口，以左手托着托盘，右手拇指、中指夹住茶碗，食指轻按碗盖，无名指托住碗底，从饮口处轻饮品尝，不得发出响声，否则会被认为是没有教养的表现。

主人会随时为客人添茶，直到客人告辞从茶碗中捞出一颗红枣放进口中，主人会明白客人的意思，一面热情挽留，一面则做送客的准备。假如并不打算离开，切莫贪吃碗中食物。当然，客人自冲自饮时又当别论。

六、苗族八宝油茶

居住在鄂西、湘西、黔东北一带的苗族，以及部分土家族人，有喝油茶汤的习惯。他们说："一日不喝油茶汤，满桌酒菜都不香。"如果有宾客进门，他们更要用香脆可口、滋味无穷的八宝油茶汤来款待。

（一）制作方法

八宝油茶汤的制作比较复杂，先将玉米（煮后晾干）、黄豆、花生米、团散（一种米面薄饼）、豆腐丁丁、粉条等分别用茶油炸好，分装入碗待用。

接着是炸茶，特别要把握好火候，这是制作的关键技术。具体做法是放适量茶油在锅中，待锅内的油冒出青烟时，放入适量茶叶和花椒翻炒，待茶叶色转黄发出焦糖香时，即可倒水入锅，再放上姜丝。一旦锅中水煮沸，再徐徐掺入少许冷水，等水再次煮沸时，加入适量食盐和少许大蒜、胡椒之类，用勺稍加拌动，随即将锅中茶汤连同佐料一一倾入盛有油炸食品的碗中，这样就算把八宝油茶汤制好了。

（二）饮茶礼仪

敬油茶汤时，大凡由主妇用双手托盘，盘中放上几碗八宝油茶汤，每碗放上一只调匙，彬彬有礼地敬奉客人。这种油茶汤，由于用料讲究，制作精细，一碗到手，清香扑鼻，喝在口中，满嘴生香。它既解渴，又饱肚，还有特异风味。

七、侗族、瑶族的打油茶

打油茶又称煮油茶，居住在云南、贵州、湖南、广西等地区的侗族、瑶族和这一地区的其他兄弟民族，虽习俗有别，但却都喜欢喝打油茶。凡在喜庆佳节，或亲朋贵客上门，总喜欢用打油茶款待客人。

（一）制作方法

打油茶一般经过四道程序。

一是选茶：通常有两种茶可供选用，一是经专门烘炒的末茶；二是刚从茶树上采下的幼嫩新梢，这可根据各人口味而定。

二是选食料：打油茶用料通常有茶油、茶叶、阴米（糯米蒸后散开再晒干)、花生米、玉米花、黄豆、芝麻、糍粑、葱花等,应预先制作好待用。先架锅生火,把油放入锅里待发出热气后即放入阴米,边放边捞出,动作稍慢阴米就会黑焦变苦,只有阴米成黄白色的米花状才算最佳。所以这道工序十分讲究火候,掌锅人的技术要求较高。阴米炸好后,再炸糍粑,炒花生、黄豆等配料(有些还加入煮熟猪肝、粉肠、虾仁和鱼子)。

三是煮茶:煮油茶水,把茶油倒入热锅,放一把阴米炒到冒烟,出现焦味时,立即投入适量茶叶入锅,和焦米一起炒,当茶叶发出清香时,加上少许芝麻、食盐,再炒几下,即放水加盖,煮沸3～5分钟,就成了油茶水。

四是配茶:配茶就是将事先炸好或炒熟、煮熟的配料,取出放入茶碗中备好。然后把煮成的茶汤捞出茶渣,趁热倒入备有食料的茶碗中供客人吃茶。

(二)饮茶礼仪

由于喝打油茶是碗内加有许多食料,因此,还得用筷子相助。所以,说是喝打油茶,还不如说吃打油茶更为贴切。吃打油茶时,客人为了表示对主人热情好客的回敬,要赞美打油茶的鲜美可口,称道主人的手艺不凡,总是边喝、边啜、边嚼,还赞不绝口!

八、白族的三道茶与雷响茶

早在明代时,白族人家著名的"一苦二甜三回味"三道茶就已成了待客交友的一种礼仪。白族称它为"绍道兆"。这是一种宾主抒发感情，祝愿美好，并富于戏剧色彩的饮茶方式。喝三道茶，当初只是白族用来作为求学、学艺、经商、婚嫁时，长辈对晚辈的一种祝愿。后来，其应用范围已日益扩大，成为了白族人民喜庆迎宾时的饮茶习俗。

所谓三道茶，即主人依次向宾客敬献的苦茶、甜茶、回味茶。制作三道茶时，每道茶的制作方法和所用原料都是不一样的。

第一道茶为苦茶。一般由家中或族中最有威望的长辈亲自司茶。先将烤茶用的小砂罐放在炭上预热，放入适量的云南名茶，如苍山雪绿或沱茶等，用手不停地抖动砂罐，使茶叶受热均匀，待茶叶的颜色呈微黄并散发出焦香味时，立即冲入沸水，然后斟入小茶盏，敬献给客人。茶汤仅半杯而已，一口即干。这道茶具有绿茶的醇味、苦味，故曰苦茶。白族称这第一道茶为“清苦之茶”，它寓意做人的道理——要立业，就要先吃苦。

第二道茶为甜茶，用料讲究，制作复杂。喝完第一道茶后，主人在带茶托的小茶碗内放入生姜片、红糖、白糖、蜂乳、炒热的白芝麻、切得极薄形如蝶翅般的熟桃核仁片，再加上从牛奶里提炼熬制出来又经烘烤切细的乳扇，放入开水中，即成甜茶。此茶甜中带香，另有一番风味。饮用时需以汤匙相助，边嚼边饮，或以橄榄、菠萝等茶点相佐。如果说第一道茶是苦的，那么第二道茶就是甜的，白族人称它为糖茶或甜茶。它寓意着人生在世，做什么事，只要吃得了苦，才会有甜香来。

第三道茶，称之为“回味茶”。先将麻辣桂皮、花椒、生姜片放入水里煮，将煮出的汁液放入杯内，加入苦茶、蜂乳就可饮用。这杯茶甜、酸、苦、辣，各味俱全，让人回味无穷。它告诫人们，凡事要多回味，切记先苦后甜的哲理。

主人款待客人三道茶时，一般每道茶相隔三五分钟进行。另外，还得在桌上放些瓜子、松子、糖果之类，以增加品茶情趣。

这几道茶口味各不相同，使人联想到人生的先苦后甜、苦尽甘来，蕴含着无限深邃的人生哲理，引人深思。白族三道茶不仅是白族人民日常生活所需的一部分，而且是逢年过节、结婚喜庆、宾客来访时必不可少的礼仪之一，并常常伴以白族民间的诗、歌、乐舞来烘托喜庆欢悦之气氛。

雷响茶是云南白族人家待客的另一种茶，颇具趣味性。白族雷响茶，茶汁味苦，但饮后有回甘，回味无穷。

其做法是，将茶叶放入砂罐内烧烤一定时间后，冲入沸水，这时砂罐内会发出一种似雷响的声音，引来客人们的开心大笑。屋内充满欢声笑语，都认为这是一种吉祥幸福的象征。接下来即行煮茶，煮好后将茶汤倒入茶盏，主人将茶倒入茶盅，双手献给客人饮用。

九、傈僳族雷响茶与油盐茶

傈僳族主要分布于滇、川两省，以云南为主要聚集区。云南怒江傈僳族居住区流行一种雷响茶，但与白族雷响茶的制法大相径庭。

先用大瓦罐将水煨开，再把饼茶放在小瓦罐里烤香，然后将大瓦罐里的开水加入小瓦罐熬茶。五分钟后滤出茶叶渣，将茶汁倒入酥油筒内。再往茶汁中加入酥油及事先炒热碾碎的核桃仁、花生米、盐巴或糖、鸡蛋等。最后将一块有一个洞的放在火中烧红的鹅卵石放入酥油筒内，使筒内茶汁作响，犹如雷鸣一般。响声过后马上使劲用木杵上下抽打，使酥油成雾状，均匀溶于茶汁中，打好就可倒出趁热饮用。

傈僳族聚居区还流行一种古老的饮茶方法：油盐茶。傈僳语称油盐茶为“华欧腊渣渣”，是一种古老而普遍的饮茶方法，也是傈僳传统饮用茶的一种习俗。

先用小土陶罐将茶烤得焦黄，加入开水冲泡。然后放入食用油、盐，再加开水煮沸 3～5 分钟即可。主人连茶叶带茶汁倒入茶盅敬献给客人饮用。这种茶既能解渴，又能充饥，别有风味。

油盐茶因在茶汤制作过程中，加入了食油和盐，所以，喝起来“香喷喷，油滋滋，咸兮兮，既有茶的浓醇，又有糖的回味”，傈僳族同胞常用它来招待客人，也是家人团聚喝茶的一种生活方式。

傈僳族人举行婚礼时，要饮红糖油茶。一般由女方家在用花生仁、芝麻和茶叶等作配料碾碎后制成的油茶中加红糖制成。客人在饮用之前，必须先喝一杯红糖油茶以祝新婚夫妇甜蜜幸福。

十、傣族竹筒茶

傣族竹筒茶是傣族人民世代相传的一道传统茶饮。其配料有采自千年古茶园原生态的晒青毛茶或新鲜茶叶、蜂蜜以及甘甜清澈的纯天然山泉水。其泡制程序如下。

装茶：就是将采摘细嫩、再经初加工而成的毛茶，放在生长期为一年左右的嫩香竹筒中，分层装实，直至茶叶充满竹筒。

烤茶：将装有茶叶的竹筒，放在火塘边烘烤，为使筒内茶叶受热均匀，通常每隔 4～5 分钟应翻滚竹筒一次。待竹筒色泽由绿转黄时，竹筒内茶叶也已烘烤适宜，即可停止烘烤。竹筒茶耐贮藏，将制好的竹筒香茶用牛皮纸包好，放在干燥处贮藏，品质常年不变。

取茶：待茶叶烘烤完毕，用刀劈开竹筒，就成为清香扑鼻、深褐色圆柱形的竹筒香茶。

泡茶：取适量竹筒香茶，置于碗中，用刚沸腾的开水冲泡，过 3～5 分钟，即可饮用。

喝茶：竹筒香茶喝起来，既有茶的醇厚滋味，又有竹的浓郁清香，其色金黄透亮，饮起来有耳目一新之感，具有生津止渴、健体美容之效，非常可口，是一道傣族同胞敬奉宾客的礼仪茶饮。

傣族人在田间劳动或进原始森林打猎时，常常带上制好的竹筒茶，在休息时，他们砍上一节甜竹，削尖，灌入泉水在火上烧开，然后放入竹筒茶再烧五分钟，待竹筒稍变凉后慢慢品饮，如此边吃野餐边饮竹筒茶别有一番情趣。

十一、拉祜族烤茶与竹筒茶

拉祜族主要分布在云南澜沧、孟连、沧源、耿马、勐海一带。在拉祜语中，称虎为“拉”，将肉烤香称之为“祜”，因此，拉祜族被称之为“猎虎”的民族。饮烤茶是拉祜族古老传统的饮茶方法，至今仍在普遍饮用。

饮烤茶通常分为四个操作程序进行。

第一，装茶抖烤。先将小陶罐在火塘上用文火烤热，然后放上适量茶叶抖烤，使罐受热均匀，待茶叶叶色转黄，并发出焦糖香时为止。

第二，沏茶去沫。用沸水冲满盛茶的小陶罐，随即泼去上部浮沫，再注满沸水，煮沸三分钟后待饮。

第三，倾茶敬客。就是将在罐内烤好的茶水倒入茶碗，奉茶敬客。

第四，喝茶啜味。拉祜族兄弟认为，烤茶香气足、味道浓、能振精神才是上等好茶。因此，拉祜族喝烤茶，总喜欢热茶啜饮。

普洱烤茶又称罐罐茶，也是招待宾客的一种礼茶。先要用炭火烧罐，将茶放置到罐内烤香，再加水煮沸。饮时要往茶杯中注入清水，将浓茶汁兑清。普洱烤茶汤色红酽，滋味醇厚，具有提神生津、解热除疫的功效。

生活在普洱茶乡的十几个少数民族，包括拉祜族、彝族都饮用此茶，世代相传，因此烤茶风俗也久盛不衰。

云南拉祜族竹筒茶与傣族的竹筒茶十分相似，也是将鲜竹砍下，制成一头有节的竹筒。洗净内部后，将新鲜茶叶装入，烘烤。茶叶遇热变软，水分蒸发，体积缩小，边烤边用木棒舂紧再加新茶叶，至压紧填满为止。用木塞塞好，放在火塘上再烘烤，待竹筒表面起泡，流黄油为止。烤竹的香气渗入茶叶，使茶带竹香。饮用时，取少量放入碗中，冲入沸水，即可饮用。竹筒茶久储不变味，便于携带储存。

十二、佤族烤茶与竹筒茶

佤族主要分布在云南的沧源、西盟等地，在澜沧、孟连、耿马、镇康等地也有部分居住。他们自称“阿佤”、“布饶”，至今仍保留着一些古老的生活习惯，喝烤茶就是一种流传久远的饮茶风俗。

佤族的烤茶，冲泡方法很别致。通常先用茶壶将水煮开。与此同时，另选一块清洁的薄铁板，也有用石板或用一种绵纸，上放适量茶叶，移到烧水的火塘边烘烤。为使茶叶受热均匀，还得轻轻抖动铁板、石板或纸。待茶叶发出清香，叶色转黄时，随即将茶叶倾入开水壶中进行煮茶。约三分钟后，即可将茶汤置入茶碗，以便饮用。如果烤茶是用来敬客的，通常得由佤族少女奉茶敬客，待客人接茶后，方可开始喝茶。

竹筒茶也是佤族人民的饮茶方式之一。制作时要砍新鲜的青竹为具，一端去除竹节，另一端保留。将新采摘的青茶放入竹筒，置于火上烧烤，青茶在高温中受竹气蒸熏产生一种特殊的清香，冲入开水后饮用。制作过程中如果加入少量盐巴，滋味更香。饮用此茶，可止渴解乏，祛热解暑，明目化滞。这种用竹筒饮茶的风俗在佤族人是再平常不过的。不仅如此，他们还吃竹筒饭，喝竹筒酒，这种古老的饮食习惯一直沿袭至今。

第十九章 趣话茶文、茶联、茶诗

一、回 文

过去的茶叶专卖店，往往同时备有做工精细的小茶壶，供顾客品茶用或选购，壶身周围还嵌着几个字："可以清心也"。这无疑是告诉人们常喝茶可以有心清气爽的感受。

十分有趣的是，这五个字你无论从哪个字读起，都是一句明白的话。你看，"可以清心也"，固然通顺；而"以清心也可"，也通顺；"清心也可以"，没问题；"心也可以清"，也没问题，至于"也可以清心"呢，人们同样可以读懂。

汉语中像这样地怎样读都通顺的实例有不少。专家们经过研究，将这种经过精心设计而组合的语言现象称作"回文"。

宋苏轼　卷帘诗七绝　之一（回文）

空花落尽酒倾缸，日上山融雪涨江。

红焙浅瓯新火活，龙团小碾斗晴窗。

宋苏轼　卷帘诗七绝　之二（回文）

酡颜玉碗捧纤纤，乱点余光唾碧衫。

歌咽水凝云静院，梦惊松雪落空岩。

二、古今茶联

茶联常悬于茶店，既作招徕顾客广告之用，又增强文化气息。

相传，成都附近一个地方，有家茶馆兼酒铺子，老板没有文化，铺子简陋，生意自然萧条，后让贤给儿子经营。青年人脑子灵光，请了位秀才写了副对联一贴，生意居然从此兴隆起来。联文是：

为名忙为利忙忙里偷闲且喝一杯茶去；

劳心苦劳力苦苦中作乐再倒一碗酒来。

这幅奇特的对联，生动贴切，雅俗共赏，引得人们交口相传，慕名前去观看，领略其中的甘苦，“偷闲”、“作乐”一番，于是乎，这家铺子起死回生，春风再度，生意兴隆。

北京“万和楼”茶社有一副对联：

茶亦醉人何必酒；

书能香我无须花。

上海“一壶春”茶楼的对联则是：

最宜茶梦同圆，海上壶天容小隐；

休得酒家借问，座中春色亦常留。

清代乾隆年间，广东梅县叶新莲曾为茶酒店写过这样一副对联：

为人忙，为己忙，忙里偷闲，吃杯茶去；

谋食苦，谋衣苦，苦中取乐，拿壶酒来。

云南大理有个“旷怡村”酒家，顾客主要是当地名流，那时常有文人雅士集于此，谈诗论画，店主免费招待顾客。于是有人赠酒家一联，甚是有趣。联云：

爱诗爱文爱画；

赔烟赔酒赔茶。

清末民初，广州有个“大同”茶楼，为了招徕顾客，曾出巨资征联，要求上下联必须嵌入“大”、“同”二字，并具有品茗之意。当时应征者纷纷送上征联，经店主评选，有一副佳作入选：

好事不容易做，大包不容易卖，针鼻铁，薄利只凭微中削；

携子饮茶者多，同父饮茶者少，檐前水，点滴何曾倒转流。

联中巧妙地嵌入“大”、“同”二字，并写有品茗之意，兼谈经商的诀窍，故深得店主人的赞赏。于是将这副联语用良木雕刻，悬挂于店门。据说此联挂出后，大同茶楼门庭若市，生意兴隆。

传说一百多年前，四川华阳县有个中兴镇，是个水陆码头，交通要道。镇上有一家“兴盛居”茶馆，对面是一家“望月楼”酒楼。某年春节，茶馆老板请本家秀才撰写一联，贴于店门。联曰：

香分花上露；

水吸石中泉。

此联写得很雅致，顾客争先围观，啧啧称赞。酒楼老板见状亦请一秀才给酒楼撰联：

开坛千里醉；

上桌十里香。

相传，清代广州著名茶楼“陶陶居”，以“陶陶”两字征联，一人应征写了一联：

陶潜善饮，易牙善烹，饮烹有度；

陶侃惜分，夏禹惜寸，分寸无遗。

将东晋名人陶潜、陶侃嵌入联中，“陶陶”二字嵌得自然得体。

重庆“嘉陵江”茶楼一联，更是立意新颖，构思精巧：

楼外是五百里嘉陵，非道子一笔画不出；

胸中有几千年历史，凭卢仝七碗茶引来。

上海“天然居”茶楼一联，更是匠心独具，顺念倒念都成联，为广大客人所喜爱。联云：

客上天然居，居然天上客；

人来交易所，所易交来人。

广东的潮阳海潮古刹有一副独脚联，联云：“吾乡陆羽茶经不列名次之泉”，下联至今未有人对上，堪称一绝。

我国许多旅游胜地，也常常以茶联吸引游客。如五岳衡山望岳门外有一茶联：

红透夕阳，如趁余晖停马足；

茶烹活水，须从前路汲龙泉。

四川青城山天师洞有一联：

扫来竹叶烹茶叶，挖得松根煮菜根。

吟诵这一副出自郑板桥笔下的杰作，仿佛看到了山中烹茗煮茶的张天师，过着清贫的田园生活。

欣赏一副副巧妙的茶联，就像喝一杯龙井香茶那样甘醇，耐人寻味，它使人们生活无形中多了几分诗意和文化的色彩，能充实生活，使之增添无限的情趣。

竹无俗韵，茗有奇香。

人们常说竹节心虚，茶性清淡，竹被视为刚直谦恭的君子，同样诗人们也说"茶有君子性"，茶总是和精行俭德之人相类比，正因如此，茶竹结缘。

竹雨松风琴韵，茶烟梧月书声。

此联为清代名士傅山所题。作者是画家，也是诗人，此联恰似一幅素描风景名画，潇潇竹雨，阵阵松风，在这样的环境中调琴煮茗，读书赏月，的确是无边风光的雅事，将此联与任何一幅山川煮茗图相配都是不俗的。

秋夜凉风夏时雨，石上清泉竹里茶。

秋夜凉风，夏时阵雨，其清爽，其舒逸，有何能比？松涛环绕，竹林婆娑，唯此境隔竹支灶，听风声水声，始可与夏雨秋风相配。

竹荫遮几琴易韵，茶烟透窗魂生香。

园中置几案，扶瑶琴，隔窗有侍童烹茶，茶烟透窗，为墨增香。竹生水畔，荷香暗动，月上中天，影落荷池，其情其景让人顿生隔世之意。

古今茶联欣赏

松涛烹雪醒诗梦；竹院浮烟荡俗尘。

尘滤一时净；清风两腋生。

采向雨前，烹宜竹里；经翻陆羽，歌记卢仝。

泉香好解相如渴；火候闲平东坡诗。

龙井泉多奇味；武夷茶发异香。

喜报捷音一壶春暖；畅谈国事两腋生风。

九曲夷山采雀舌；一溪活水煮龙团。

春共山中采；香宜竹里煎。

雀舌未经三月雨；龙芽新占一枝春。

竹粉含新意；松风寄逸情。

瑞草抽芽分雀舌；名花采蕊结龙团。

陆羽谱经卢仝解渴；武夷选品顾渚分香。

素雅为佳松竹绿；幽淡最奇芝兰香。

幽借山巅云雾质；香凭崖畔芝兰魂。

翠叶烟腾冰碗碧；绿芽光照玉瓯青。

吸烟有害，花钱买病；饮茶有益，醒脑提神。

送水送茶，热情备至；问寒问暖，体贴入微。

得与天下同其乐；不可一日无此君。

泉从石出清宜洌；茶自峰生味更圆。

诗写梅花月；茶煎谷雨春。

一杯春露暂留客；两腋清风几欲仙。

小天地，大场事，让我一席；论英雄，谈古今，喝它几杯。

四大皆空，坐片刻无分尔我；两头是路，吃一盏各自东西。

从哪里来，忙碌碌带身尘土；到这厢去，闲坐坐喝碗香茶。

玉碗光含仙掌露；金芽香带玉溪云。

歇一歇消消暑气；喝二杯品品香茗。

此处有家乡风月；举杯是故土人情。

佳肴无肉亦可佳；雅淡离我尚难雅。

花间渴想相如露；竹下闲参陆羽经。

细品清香趣更清；屡尝浓酽情愈浓。

熏心只觉浓如酒；入口方知气胜兰。

茶香高山云雾质；水甜幽泉霜雪魂。

南峰紫笋来仙品；北苑春芽快客谈。

为爱清香频入座；欣同知己细淡心。

来不招去不辞礼仪不拘；烟自奉茶自酌悠游自得。

四方来客坐一阵无分你我；两头有路喝二杯各自东西。

客至心常热；人走茶不凉。

清泉烹雀舌；活水煮龙团。

玉盏霞生液；金瓯雪泛花。

闲情常品茗；豪气快登楼。

美不美家乡水；香不香故园茶。

处处通途，何去何从，求两餐分清邪正；头头是道，谁宾谁主？吃一碗各自东西。

为善读书是安乐法，种竹植茶是明妙心。

一帘春影云拖地；半夜茶声月在天。

石鼎煎香俗物尽洗；松涛烹雪诗梦初灵。

新安人杰地灵，传古阁牌坊，一曲徽腔成绝响；黄山物华天宝，献屯绿祁红，三杯猴魁余雅兴。

聆妙曲，品佳茗，金盘盛甘露，缥缈人间仙境；观古俗，赏绝艺，瑶琴奏流水，悠游世外桃源。

山好好，水好好，开门一笑无烦恼；来匆匆，去匆匆，饮茶几杯各西东。

小住为佳，且吃了赵州茶去；曰归可缓，试同歌陌上花来。

南南北北，总须历此关头，且望断铁门限，备夏水冬汤，应接过去现在未来三世诸佛，上天下地；东东西西，那许瞒了脚跟，试竖起金刚拳，击晨钟暮鼓，唤醒眼耳鼻舌心意六道众生，吃饭穿衣。

山静无音水自喻；茗因有泉味更香。

青山似欲留人住；香茗何妨为客尝。

红透夕阳，好趁余晖停马足；茶烹活水，须从前路汲龙泉。

世间重担实难挑，菱角凹中，也好息肩聊坐凳；天下长途不易走，梅花岭上，何妨歇脚品斟茶。

举杯互敬屠苏酒；散席分尝胜利茶。

煮沸三江水；同饮五岳茶。

虽无扬子江中水；却有蒙山顶上茶。

拣茶为款同心友；筑室因藏善本书。

三楚远来肩且息；六安前去味先尝。

天下几人闲，问杯茗待谁，消磨半日？洞中一佛大，有池荷招我，来证三生！

斗酒恣欢，方向骚人正妙述；杯茶泛碧，庵前过客暂停车。

鹿鸣饮宴，迎我佳客；阁下请坐，喝杯清茶。

趣言能适意；品茶可清心。

喝一喝，品一品，尝一尝，三品茶叶；爽一爽，思一思，想一想，五味悠长。

茶敬客来茶当酒；云山云去云作车。

忙什么？喝我这雀舌茶，百文一碗；走哪里？听他摆龙门阵，再饮三盅。

瑞草抽芽分雀舌；名花采蕊结龙团。

半榻梦刚回，活火初煎新涧水；一帘春欲暮，茶烟细杨落花风。

十载许句留，与西湖有缘，乃尝此水；千秋同俯仰，唯青山不老，如见故人。

饮茶思源，何曾望极；吃菇念树，岂可忘恩。

为品清香频入座；欢同知己细谈心。

佳肴无肉亦可；雅谈离茶难成。

借得梅上雪；煎茶别有香。

此地千古茶国；满城都是君子。

寻味君子知味来；伴香雅士携香去。

壶在心中天在壶；心在壶中地在心。

官为七品不如一壶可品；才高八斗怎抵一池万斗。

来路可数歇一刻知味；前途无量品一杯何妨。

碧泉涌出山腹事；玉壶映进苍天心。

淡酒邀明月；香茶迎故人。

冰冷酒，一点水，两点水，三点水；丁香茶，百人头，千人头，万人头。

沽酒客来风亦醉；买茶人去路还香。

三、咏茶古诗词

北宋·王重阳　咏茶

昔时曾见赵州来，今日卢仝七椀（椀：通“碗”，下同）猜。

烹罢还知何处去，清风送我到蓬莱

唐·李白　答族侄僧中孚赠玉泉仙人掌茶

尝闻玉泉山，山洞多乳窟。

仙鼠白如鸦，倒悬清溪月。

茗生此中石，玉泉流不歇。

根柯洒芳津，采服润肌骨。

丛老卷绿叶，枝枝相接连。

曝成仙人掌，以拍洪崖肩。

举世未见之，其名定谁传。

宗英乃禅伯，投赠有佳篇。

清镜烛无盐，顾惭西子妍。

朝坐有余兴，长吟播诸天。

宋·杜耒（小山）　寒夜

寒夜客来茶当酒，竹炉汤沸火初红。

寻常一样窗前月，才有梅花便不同。

唐·杜牧　题宜兴茶山

山实东南秀，茶称瑞草魁。

剖符虽俗吏，修贡亦仙才。

溪尽停蛮棹，旗张卓翠苔。

柳村穿窈窕，松径度喧豗(huī 喧闹)。

等级云峰峻，宽平洞府开。

拂天闻笑语，特地见楼台。

泉嫩黄金涌，芽香紫璧裁。

拜章期沃日，轻骑若奔雷。

好是全家到，兼为奉诏来。

树荫香作帐，花径落成堆。

景物残三月，登临怆一杯。

重游难自克，俯首入尘埃。

唐·元稹　茶

茶

香叶，嫩芽。

慕诗客，爱僧家。

碾雕白玉，罗织红纱。

铫(diào，煮茶或烧水的器具，形状如壶)煎黄蕊色，碗转曲尘花。

夜后邀陪明月，晨前命对朝霞。

洗尽古今人不倦，将至醉后岂堪夸。

宋·林逋　茶

石碾轻飞瑟瑟尘，乳香烹出建溪春。

世间绝品人难识，闲对茶经忆古人。

元·林锡翁　咏贡茶

百草逢春未敢花，御花葆蕾拾琼芽。

武夷真是神仙境，已产灵芝又产茶。

明·邱云霄 蓝素轩遗茶谢之

御茶园里春常早，辟谷年来喜独尝。

笔阵战酣青叠甲，骚坛雄助录沉枪。

波惊鱼眼听涛细，烟暖鸱罂坐月长。

欲访踏歌云外客，注烹仙掌露华香。

元·耶律楚材 西域从王君玉乞茶二首 之一

啜罢江南一碗茶，枯肠历历走雷车。

黄金小碾飞琼雪，碧玉深瓯点雪芽。

笔阵陈兵诗思勇，睡魔卷甲梦魂赊。

精神爽逸无余勇，卧看残阳补断霞。

元·耶律楚材 西域从王君玉乞茶二首 之二

积年不啜建溪茶，心窍黄尘塞五车。

碧玉瓯中思雪浪，黄金碾畔忆雷芽。

卢仝七椀诗难得，谂老三瓯梦亦赊。

敢乞君侯分数饼，暂教清兴绕烟霞。

唐·韦应物 喜园中茶生

洁性不可污，为饮涤尘烦。

此物信灵味，本自出山原。

聊因理郡余，率尔植荒园。

喜随众草长，得与幽人言。

唐·孙淑　对茶

小阁烹香茗，疏帘下玉沟。
灯光翻出鼎，钗影倒沉瓯。
婢捧消春困，亲尝散暮愁。
吟诗因坐久，月转晚妆楼。

唐·徐寅　尚书惠蜡面茶

武夷春暖月初圆，采摘新芽献地仙。
飞鹊印成香蜡片，啼猿溪走木兰船。
金槽和碾沉香末，冰碗轻涵翠缕烟。
分赠恩深知最异，晚铛宜煮北山泉。

明·高启　采茶词

雷过溪山碧云暖，幽丛半吐枪旗短。
银钗女儿相应歌，筐中摘得谁最多？
归来清香犹在手，高品先将呈太守。
竹炉新焙未得尝，笼盛贩与湖南商。
山家水解种禾黍，衣食年年在春雨。

唐·张文规　湖州贡焙新茶

凤辇寻春半醉回，仙娥进水御帘开。
牡丹花笑金钿动，传奏湖州紫笋来。

唐·张籍　和韦开州盛山茶岭

紫芽连白蕊，初向岭头生。
自看家人摘，寻常触露行。

清·陈章　采茶歌

凤凰岭头春露香，青裙女儿指爪长。
度涧穿云采茶去，日午归来不满筐。
催贡文移下官府，哪管山寒芽未吐。
焙成粒粒比莲心，谁知侬比莲心苦。

唐·陆希声　茗坡

二月山家谷雨天，半坡芳茗露华鲜。
春醒病酒兼消渴，惜取新芽旋摘煎。

清·陆廷灿　武夷茶

桑苎家传旧有经，弹琴喜傍武夷君。
轻涛松下烹溪月，含露梅边煮岭云。
醒睡功资宵判牍，清神雅助昼论文。
春雷催茁仙岩笋，雀尖龙团取次分。

北宋·曾巩　尝新茶

麦粒收来品绝伦，葵花制出样争新。
一杯永日醒双眼，草木英华信有神。

元·刘秉忠　尝云芝茶

铁色皴皮带老霜，含英咀美入诗肠。
舌根未得天真味，鼻观先通圣妙香。
海上精华难品第，江南草木属寻常。
待将肤腠侵微汗，毛骨生风六月凉。

唐·刘禹锡　尝茶

生怕芳丛鹰嘴芽，老郎封寄谪仙家。

今宵更有湘江月，照出霏霏满碗花。

唐·郑谷　峡中尝茶

簇簇新英摘露光，小江园里火煎尝。

吴僧漫说鸦山好，蜀叟休夸鸟嘴香。

合座半瓯轻泛绿，开缄数片浅含黄。

鹿门病家不归去，酒渴更知春味长。

五代晋·郑遨　茶诗

嫩芽香且灵，吾谓草中英。

夜臼和烟捣，寒炉对雪烹。

唯忧碧粉散，常见绿花生。

最是堪珍重，能令睡思清。

唐·卢仝　走笔谢孟谏议寄新茶

日高丈五睡正浓，军将打门惊周公。

口云谏议送书信，白绢斜封三道印。

开缄宛见谏议面，手阅月团三百片。

闻道新年入山里，蛰虫惊动春风起。

天子须尝阳羡茶，百草不敢先开花。

仁风暗结珠琲蕾，先春抽出黄金芽。

摘鲜焙芳旋封裹，至精至好且不奢。

至尊之余合王公，何事便到山人家？

柴门反关无俗客，纱帽笼头自煎吃。

碧云引风吹不断，白花浮光凝椀面。

一椀喉吻润，二椀破孤闷。

三椀搜枯肠，唯有文字五千卷。

四椀发轻汗，平生不平事，尽向毛孔散。

五椀肌骨清，六椀通仙灵。

七椀吃不得也，唯觉两腋习习清风生。

蓬莱山，在何处？玉川子乘此清风欲归去。

山上群仙司下土，地位清高隔风雨。

安得知百万亿苍生命，堕在巅崖受辛苦。

便从谏议问苍生，到头还得苏息否？

元·谢宗可　雪煎茶

夜扫寒英煮绿尘，松风入鼎更清新。

月圆影落银河水，云脚香融玉树春。

陆井有泉应近俗，陶家无酒未为贫。

诗脾夺尽丰年瑞，分付蓬莱顶上人。

明·瞿佑　茶烟

蒙蒙漠漠更霏霏，淡抹银屏幂讲帷。

石鼎火红诗咏后，竹炉汤沸客来时。

雪飘僧舍衣初湿，花落娟船鬓已丝。

唯有庭前双白鹤，翩然趋避独先知。

宋·苏轼　咏茶

武夷溪边粟粒芽，前丁后蔡相宠加。

争新买宠各出意，今年斗品充贡茶。

吾君所乏岂此物，致养口体何陋耶？

洛阳相君忠孝家，可怜亦进姚黄花。

宋·苏轼　汲江煎茶

活水还须活水烹，自临钓石汲深清。

大瓢贮月归春瓮，小杓分江入夜瓶。

雪乳已翻煎处脚，松风忽作泻时声。

枯肠未易禁三椀，卧听山城长短更。

宋·苏轼　试院煎茶

蟹眼已过鱼眼生，飕飕欲作松风鸣。

蒙茸出磨细珠落，眩转绕瓯飞雪轻。

银瓶泻汤夸第二，未识古人煎水意。

君不见昔时李公好客手自煎，贵从活火发新泉。

又不见今时潞公煎茶学西蜀，定州花瓷琢红玉。

我今贫病长苦肌，分无玉椀捧蛾眉。

且学公家作茗饮，砖炉石铫行相随。

不用撑肠拄腹文字五千卷，但愿一瓯常及睡足日高时。

唐·薛能　蜀州郑使君寄鸟嘴茶

嘴撷一浑芽，精灵胜镆铘。

烹尝方带酒，滋味更无茶。

拒碾干声细，撑封利颖斜。

衔芦齐劲实，啄木聚菁华。

盐损添常戒，姜宜著更夸。

得来抛道药，携去就僧家。

旋觉前瓯浅，还随后信赊。

千惭故人意，此惠敌丹砂。

唐·皎然　九日与陆处士饮茶

九日山僧院，东篱菊也黄。

俗人多泛酒，谁解助茶香？

唐·武元衡　晚春茶会

虚室昼常掩，心源知悟空。

禅庭一雨后，莲界万花中。

时节流芳暮，人天此会同。

不知方便理，何路出樊笼。

宋·照觉常总禅师　悟道诗

一瓯茶自展家风，远近高低一径通。

未荐清香往来者，谁谙居止院西东。

元·石屋清珙禅师　山居咏春

满山笋蕨满山茶，一树红花间白花。

大抵四时春最好，就中犹好是山家。

元·惟则禅师　一峰云外庵和韵

竹屋茶香满涧烟，绿杉深处响流泉。

月前有法谁能说，落日微风一树蝉。

第二十章 中国名茶简介

名茶主要表现在茶叶的色、香、味、形四个方面具有自己独特的基本特点。下面介绍一些名优特色茶的主要特征与识别方法。

一、绿 茶

(一)西湖龙井

西湖龙井是绿茶中的一种,中国名茶之冠。产于浙江杭州西湖周围的群山之中,故名“西湖龙井茶”。西湖龙井茶具有一千两百多年的历史,明代列为上品,清顺治列为贡品。清乾隆游览杭州西湖时,盛赞龙井茶,并把狮峰山下胡公庙前的十八棵茶树封为“御茶”。

西湖龙井产于西湖的狮峰、翁家山、虎跑、梅家坞、云栖、灵隐一带的群山之中。这里气候温和,雨量充沛,光照漫射;土壤微酸,土层深厚,排水性好;林木茂盛,溪润常流;年平均气温 16℃,年降水量在 1 500 毫米左右。优越的自然条件,有利于茶树的生长发育,茶芽不停萌发,采摘时间长,全年可采 30 批左右,几乎是茶叶中采摘次数最多的。

龙井茶属于绿茶扁炒青的一种,扁炒青品质特点是形状扁平光滑，因产地和制法不同，分为龙井、旗枪、大方三种。西湖龙井按外形和内质的优次分作1～8级。狮峰所产为最，以其色泽黄嫩，高香持久的特点被誉为“龙井之巅”。

1. 品质特征

西湖龙井茶，外形扁平挺秀，色泽绿翠，内质清香味醇，泡在杯中，芽叶色绿，素以“色绿、香郁、味甘、形美”四绝著称。

春茶中的特级西湖龙井、浙江龙井外形扁平光滑，苗锋尖削，芽长于叶，色泽嫩绿，体表无茸毛；汤色嫩绿(黄)明亮；清香或嫩栗香，但有部分茶带高火香；滋味清爽或浓醇；叶底嫩绿，尚完整。其余各级龙井茶随着级别的下降，外形色泽由嫩绿→青绿→墨绿，茶身由小到大，茶条由光滑至粗糙；香味由嫩爽转向浓粗，四级茶开始有粗味；叶底由嫩芽转向对夹叶，色泽由嫩黄→青绿→黄褐。夏秋龙井茶，色泽暗绿或深绿，茶身较大，体表无茸毛，汤色黄亮，有清香但较粗糙，滋味浓略涩，叶底黄亮，总体品质比同级春茶差。

2. 鉴别方法

鉴别西湖龙井有四大招数：

一摸：判别茶叶的干燥程度。随意挑选一片干茶，放在拇指与食指之间用力捻即成粉末，则干燥度足够；若为小碎粒，则干燥度不足，或者茶叶已吸潮。干燥度不足的茶叶，比较难储存，同时香气也不高。

二看：看干茶是否符合龙井茶的基本特征，包括外形、色泽、匀净度等。一般西湖龙井茶以扁平光滑、挺秀尖削、均匀整齐、色泽翠绿鲜活为佳品。反之，外形松散粗糙、身骨轻飘、筋脉显露、色泽枯黄，表明质量低次。

三嗅:嗅闻干茶香气的高低和香型,并辨别有否烟、焦、酸、馊、霉等劣变气味和各种夹杂的不良气味。

四尝:当干茶的含水量、外形、色泽、香气均符合要求后,进行开汤审评,取 3～4 克龙井茶置于杯碗中,冲入沸水 150～200 毫升,5 分钟后先嗅香气,再看汤色,细尝滋味,后评叶底。这个环节更为重要。

(二)洞庭碧螺春

碧螺春,中国十大名茶之一,属于绿茶类,产于江苏苏州太湖的洞庭山,所以又称"洞庭碧螺春",芽多、嫩香、汤清、味醇,具有特殊的花果香味。

碧螺春茶已有一千多年的历史,民间最早叫"洞庭茶",又叫"吓煞人香"。相传有一尼姑上山游春,顺手摘了几片茶叶,泡茶后奇香扑鼻,脱口而道"香得吓煞人",由此当地人便将此茶叫"吓煞人香"。到了清代康熙年间,康熙皇帝视察时品尝了这种汤色碧绿、卷曲如螺的名茶,倍加赞赏,但觉得"吓煞人香"其名不雅,于是题名"碧螺春"。关于此茶名称的来历除了康熙皇帝巡幸太湖时亲赐之外,也有碧螺春在明代时就已有茶名的传说,还有一种巧妙的解释说取其色泽碧绿,卷曲如螺,春季采制,又采自碧螺峰这些特点,因而命名为碧螺春。此茶有悠久历史,在清代康熙年间就已成为年年进贡的贡茶。

碧螺春茶条索纤细,卷曲成螺,满披茸毛,色泽碧绿。冲泡后,味鲜生津,清香芬芳,汤绿水澈,叶底细匀嫩。尤其是高级碧螺春,可以先冲水后放茶,茶叶依然徐徐下沉,展叶放香,这是茶叶芽头壮实的表现，也是其他茶所不能比拟的。

碧螺春茶条索紧结，卷曲如螺，白毫毕露，银绿隐翠，叶芽幼嫩，冲泡后茶叶徐徐舒展，上下翻飞，茶水银澄碧绿，清香袭人，口味凉甜，鲜爽生津，饮后有回甜之感。

洞庭碧螺春独特的花果香，主要是因为它生长在果园之中，并且接受了洞庭湖特有水土的滋养。其他碧螺春是没有清香和果香的，只有沃土气和青叶气。

1. 品级分类

洞庭碧螺春的国家标准分为五级：分别为特一级、特二级、一级、二级、三级。炒制锅温、投叶量、用力程度，随级别降低而增加，即级别低锅温高，投叶量多，做形时用力较重。

上等的碧螺春银白隐翠，条索细长，卷曲成螺，身披白毫，冲泡后汤色碧绿清澈，香气浓郁，滋味鲜醇甘厚，回甘持久。伪劣的碧螺春则颜色发黑，披绿毫，暗淡无光，冲泡后无香味，汤色黄暗如同隔夜陈茶。

2. 冲泡方法

碧螺春的泡法根据不同的茶质，有不同的泡法：

(1)外形紧结重实的茶

①烫杯之后，先将合适温度的水冲入杯中，然后取茶投入，不加盖。

②一段时间之后，茶汤晾至适口，即可品茶，此乃一泡。

③第一泡的茶汤，尚余三分之一，则可续水，此乃二泡。如若茶叶瘦弱的茶，二泡茶汤正浓，饮后舌本回甘，齿颊生香，余味无量。饮至三泡，则一般茶味已淡。

此种冲泡方法，除碧螺春外，还适宜于平水珠茶、涌溪火青、都匀毛尖、君山银针、庐山云雾等较紧结的茶。

(2)条索松展的茶

①烫杯后，取茶入杯，此时较高的杯温已隐隐烘出茶香。

②冲入适温的水，至杯容量三分之一(也可少一些，但需覆盖茶叶)时需注意注水办法。这种茶本身比较舒展，无需使用水的冲力，采取的办法是沿杯边注水(如用玻璃杯)，如用盖碗则将盖子反过来贴在茶杯的一边，将水注入盖子，使其沿杯边而下。然后稍稍摇晃茶杯，使茶叶充分浸润。此时茶香高郁，不能品饮，然恰是闻香的最好时候。

③稍停约两分钟，待干茶吸水伸展，再冲水至满。冲水方法如前。此时，茶叶或徘徊飘舞，或游移于沉浮之间，别具茶趣。

3. 辨别真伪

(1)看外形特点。条索纤细、卷曲、呈螺形，茸毛遍布全身，色泽银绿隐翠，毫风毕露，茶芽幼嫩、完整，无叶柄，无“裤子脚”，无黄叶和老片。

(2)看内在特点。有特殊浓烈的芳香，即具有花果香味。泡开后滋味鲜醇，回味甘厚，汤色嫩绿整齐，幼芽初展，芽大叶小。

在鉴别真伪时，可用真品进行对照，凡不具备上述特点者即可确认为伪冒品。

(三)信阳毛尖

信阳毛尖，亦称“豫毛峰”，属绿茶类，中国十大名茶之一，河南省著名特产。主要产地在信阳市和新县、商城县及境内大别山一带。信阳毛尖具有“细、圆、光、直、多白毫、香高、味浓、汤色绿”的独特风格，具有生津解渴、清心明目、提神醒脑、去腻消食等多种营养价值。

信阳山区的土壤，多为黄、黑砂壤土，深厚疏松，腐殖质含量较多，肥力较高，pH 值在 4～6.5 之间。历来茶农多选择在海拔 300～800 米的高山区种茶。这里山势起伏多变，森林密布，植被丰富，雨量充沛，云雾弥漫，空气湿润（相对湿度 75%以上）。太阳迟来早去，光照不强，日夜温差较大。茶树芽叶生长缓慢，持嫩性强，肥厚多毫，有效物质积累较多。尤其是信阳处于较高纬度地区，年平均气温较低，有利于氨基酸、咖啡因等含氮化合物的合成与积累。

1. 品质特点

信阳毛尖外形条索紧细、圆、光、直，银绿隐翠，内质香气新鲜，叶底嫩绿匀整，一般一芽一叶或一芽二叶。假的为卷曲形，叶臂发黄。信阳毛尖的色、香、味、形均有独特个性。其颜色鲜润、干净，不含杂质。香气高雅、清新，味道鲜爽、醇香、回甘。从外形上看则匀整、鲜绿有光泽、白毫明显。冲后香高持久，滋味浓醇，回甘生津，汤色明亮清澈。

优质信阳毛尖汤色嫩绿、黄绿或明亮，味道清香扑鼻；劣质信阳毛尖则汤色深绿或发黄、混浊发暗，不耐冲泡，没有茶香味。

2. 冲泡法

使用纯净水和玻璃器皿，依据个人口味酌量投放毛尖。品饮时先用水冲洗茶具，然后再投放毛尖；洗茶用 85℃的水冲泡摇晃茶杯并随即倒掉清洗水，再加水冲泡。过半分钟后再品饮，茶汤饮至

1/3 添水续饮。继续添水续饮至茶汤变淡。优质信阳毛尖头道苦二道甜，并且耐泡，一般能泡 3～5 道，而劣质的毛尖最多泡 2 次。

信阳毛尖是绿茶，茶汤中主要呈味物质有氨基酸、生物碱和茶多酚，三种呈味物质的含量不同导致了整体口感的差异。信阳毛尖茶叶里的成分让茶叶有苦和涩的口感在茶汤里，茶的清香覆盖了苦涩感是特级信阳毛尖的表现，等级次的信阳毛尖香味慢慢减少，苦味开始出现。没有苦和涩、只有板栗香的是特级茶，有清香有苦不涩的是春茶，而涩的信阳毛尖一定是夏茶或陈茶。

(四)六安瓜片

六安瓜片(又称片茶)，中国十大历史名茶之一，简称瓜片，为绿茶特种茶类。唐称“庐州六安茶”，明始称“六安瓜片”，为上品、极品茶；清为朝廷贡茶。采自当地特有品种，经扳片、剔去嫩芽及茶梗，通过独特的传统加工工艺制成的形似瓜子的片形茶叶。

在世界所有茶叶中，六安瓜片是唯一无芽无梗的茶叶，由单片生叶制成。去芽不仅保持单片形体，且无青草味；梗在制作过程中已木质化，剔除后，可确保茶味浓而不苦，香而不涩。六安瓜片每逢谷雨前后十天之内采摘，采摘时取二三叶，求“壮”不求“嫩”。

我国许多著名的茶叶学者感叹，制作瓜片茶鲜叶质地较其他名茶粗老，但其品质却如此独特。究其原因，除了大别山深处有着得天独厚的自然生长环境、富饶多彩的品种资源外，千百年来劳动人民在实践中积累的采制工艺，也是一个重要因素。

六安瓜片产于安徽六安和金寨两县的齐云山。齐云山主峰海拔高达 800 多米，山上峰峦叠翠，土壤肥沃，雨量充沛，终年云雾弥漫。茶树生长在这样日照短且温湿的环境里，朝夕饱受着雾露的滋润，因而茶质优美。

齐云山上茶叶产量以六安最多，六安瓜片产量占总产量80%以上；品质以金寨最优，金寨县齐山、黄石、里冲、裕安区黄巢尖、红石等地为最佳。齐头山所产"齐山名片"又为六安瓜片之极品。芽叶外形平展，每一片不带芽和茎梗，叶呈绿色光润，微向上重叠。形似瓜子，内质香气清高，水色碧绿，滋味回甜，叶底厚实明亮。

品鉴。选购品尝六安瓜片通常要从干茶和泡茶两个角度考量茶的色、香、味、形。

1. 观色：通过观望应具备铁青透翠，老嫩、色泽一致，可见烘制到位。汤色嫩绿明净，清澈明亮，叶底嫩黄。滋味醇正回甜，香气高长鲜爽，并有熟栗清香。

2. 闻香：通过嗅闻应具备茶的清香透鼻的香气，尤其是有如烧板栗那种香味或幽香的为上乘；有青草味的说明炒制功夫欠缺。

3. 望形：单片平展、顺直、匀整，叶边背卷、平展，不带芽梗，形似瓜子，色泽宝绿，叶披白霜，明亮油润。片卷顺直、长短相近、粗细匀称，可见形状大小一致、炒功到位。

4. 嚼味：通过细嚼应具备头苦尾甜、苦中透甜，略用清水漱口后有一种清爽甜润的感觉。

六安瓜片宛如瓜子的外形，宝绿润亮的色泽，黄绿清澈的汤色，清芬扑鼻中别具一格。假的六安瓜片则味道较苦，色比较黄。

（五）黄山毛峰

黄山毛峰产于安徽黄山，中国历史文化名茶之一，属于绿茶，由清光绪年间谢裕大茶庄所创制。每年清明谷雨,选摘初展肥壮嫩芽,手工炒制,该茶外形微卷,状似雀舌,绿中泛黄,银毫显露,且带有金黄色鱼叶。入杯冲泡雾气结顶,汤色清碧微黄,叶底黄绿有活力,滋味醇甘,香气如兰,韵味深长。由于新制茶叶白毫披身,芽尖峰芒,且鲜叶采自黄山高峰,遂将该茶取名为黄山毛峰。

1. 品　鉴

黄山毛峰,高档茶的外形芽多且肥,清香带花香,滋味醇厚,呈全芽或者一芽一叶,色泽嫩黄绿带金黄;中档茶一芽二三叶,芽叶较肥,色泽黄绿,略带金黄片,汤色清香或略鲜爽;低档茶细瘦的一芽三叶为主,色泽呈青绿或深绿色,香气纯正。

观其形:每片茶叶约半寸,绿中略泛微黄,色泽油润光亮,尖芽紧偎叶中,酷似雀舌,全身布满白色细绒毫,匀齐壮实,峰显毫露,色如象牙,鱼叶金黄。

品茶汤:茶汤清香高长,汤色清澈,滋味鲜浓、醇厚甘甜,叶底嫩黄,肥壮成朵。

黄山毛峰冲泡时应用水温为90℃左右的开水为宜。冲泡后,尖芽紧偎叶中,汤色清澈明亮带有杏黄色,滋味鲜浓,醇和高雅,回味甘甜,沁人心脾。叶底嫩黄,肥壮成朵。香气清香高长,馥郁酷似白兰,入于口中,白兰香味长时间环绕齿间,丝丝甜味持久不退。

2. 等级区分

黄山毛峰分六个等级:特级一等、特级二等、特级三等和一、二、三级。

特级的黄山毛峰,以一芽一叶、二叶初展的新梢的鲜叶制成,品质优良,白毫显,分量重。一至三级黄山毛峰的鲜叶采摘标准为一芽一叶，一芽二叶初展和一芽二、三叶初展。

特级黄山毛峰形似雀舌，白毫显露，色似象牙，鱼叶金黄。冲泡后，汤色清澈，滋味鲜浓、醇厚、甘甜，叶底嫩黄，肥壮成朵。其中“鱼叶金黄”和“色似象牙”是特级黄山毛峰外形与其他毛峰不同的两大明显特征。

3. 冲泡方法

冲泡黄山毛峰有以下几点是要值得注意的，否则的话，即使是上等的黄山毛峰也泡不出好的滋味来。

(1)比例：浓淡要合适才好，使我们能够品尝到茶的色和香，同时，适当的浓淡对于茶叶中物质的浸出是有影响的，这不但影响到茶水的色、香、味，也影响到茶水对人体的作用。浓淡可以科学计测，但是平时很少有人去理会这一指标，还是要自己把握，一般是宜淡不宜浓。大致上说，一般绿茶，茶与水的重量比为1∶80。常用的白瓷杯，每杯可放茶叶三克；一般玻璃杯，每杯可放两克。

(2)水温：对不同的茶要求用不同的水温，应视不同类茶的级别而定。一般来说，黄山毛峰，应用80℃～90℃的开水冲泡，使茶水绿翠明亮，香气纯正，滋味甘醇。

(3)时间：一般也就是3～10分钟。泡久了不但茶的口味不好了，还容易将茶中对人体不利的物质泡出来。将黄山毛峰放入杯中后，先倒入少量开水，以浸没茶叶为度，加盖三分钟左右，再加入开水七八成满便可趁热饮用。水温高、茶叶嫩、茶量多，则冲泡时间可短些；反之，时间应长些。一般冲泡后加盖三分钟，茶中内含物浸出55%，香气发挥正常，此时饮茶最好。

(4)次数：一般三四次就好了，俗话说：“头道水，二道茶，三道四道赶快爬。”意思是说头道冲泡出来的茶水不是最好的，喝第二道正好，喝到三道、四道水就可以了。饮茶时，一般杯中茶水剩 1/3 时，就应该加入开水，这样能维持茶水的适当浓度。

（六）都匀毛尖

都匀毛尖，又名“白毛尖”、“细毛尖”、“鱼钩茶”、“雀舌茶”，是贵州三大名茶之一，中国十大名茶之一，产于贵州都匀市，属黔南布依族苗族自治州。主要产地在团山、哨脚、本槽一带，这里山谷起伏，海拔千米，多峡谷溪流，林木苍郁，云雾笼罩，冬无严寒，夏无酷暑，四季宜人，年平均气温为 16℃，年平均降水量 1 400 多毫米。加之土层深厚，土壤疏松湿润，土质酸性或微酸性，内含大量的铁质和磷酸盐，这些特殊的自然条件不仅适宜茶树的生长，而且也形成了都匀毛尖的独特风格。

1. 品　鉴

都匀毛尖采用清明前后数天内刚长出的一叶或二叶未展开的叶片，要求叶片细小短薄，嫩绿匀齐。成品毛尖茶外形卷曲似螺形，白毫特多，色泽绿润，品质润秀，香气清鲜，滋味淳厚，回味甘甜。假茶叶底不匀，味苦。

外形：都匀毛尖茶外形卷曲似螺形，白毫特多，色泽绿润，选用当地的苔茶良种，具有发芽早、芽叶肥壮、茸毛多、持嫩性强的特性。劣质的看起来个个都不一样，而且外形不符合上述特点。

汤色：都匀毛尖素以“干茶绿中带黄，汤色绿中透黄，叶底绿中显黄”的“三绿三黄”特色著称。所以特级的都匀毛尖茶品质润秀，香气清鲜，滋味醇厚，回味甘甜，而仿冒品往往在第一次冲泡后味道荡然无存。

2. 品质特点

成品都匀毛尖色泽翠绿、外形匀整、白毫显露、条索卷曲、香气清嫩、滋味鲜浓、回味甘甜、汤色清澈、叶底明亮、芽头肥壮。其品质优佳，茶界前辈庄晚芳先生曾写诗赞曰：“雪芽芳香都匀生，不亚龙井碧螺春。饮罢浮花清爽味，心旷神怡攻关灵！”

3. 冲泡法

都匀毛尖茶大部分都富含锌硒等有机成分，产茶区没有工业污染，制茶过程不落地，高清洁，所以很多茶在冲泡时是不需洗茶的。

烫杯后，取茶入杯，此时较高的杯温已隐隐烘出茶香。

沿杯壁注入适温的水，至杯容量三分之一(也可少一些，但需覆盖茶叶)然后微微摇晃茶杯，使茶叶充分浸润。此时茶香高郁，不能品饮，不过恰是闻香最好的时间。

稍停约两分钟，待干茶吸水伸展，再沿杯壁注入适温的水几乎至满。此时茶叶或徘徊飘舞，或游移于沉浮之间，别具茶趣，开始品饮。待茶汤还剩三分之一左右时，再续入适温、适量的水，接着品饮。

(七)四川蒙顶茶

蒙顶茶产于四川蒙山。蒙山跨名山、雅安两县，山势巍峨，峰峦挺秀，绝壑飞瀑，重云积雾。古人说这里“仰则天风高畅，万象萧瑟；俯则羌水环流，众山罗绕。茶畦杉径，异石奇花，足称名胜”。蒙山有上清、菱角、毗罗、井泉、甘露五顶，亦称五峰。蒙顶五峰环列，状如莲花，海拔为1456米，常年降雨量为2000毫米以上，因“雨雾蒙沫”，故得名蒙山。

蒙顶茶的生长环境可谓集天地之精华，加之茶人的精心制作，因而造就了蒙顶茶的奇珍品质，得到历代雅士好茶者的推崇，如：“芳茶冠六清，溢味播九区”、“蜀土茶称圣，蒙山味独珍”、“蒙山有茶，受全阳气，其茶芳香，为天下称道”等。

相传两千多年前，僧人甘露普慧禅师吴理真，“携灵茗之种，植于五峰之中”。蒙山五顶，中顶上清峰最高，吴理真在上清峰栽了七株茶树。这茶树“高不盈尺，不生不灭，迥异寻常”，“味甘而清，色黄而碧，酌杯中，香云罩覆，久凝不散”，常饮此茶，有益脾胃，能延年益寿，故有“仙茶”之誉。茶圣陆羽在评价名茶时曾说：“蒙顶第一，顾诸第二。”

如今，蒙顶茶是四川蒙山各类名茶的总称，有传统名茶，也有新创制的，其中品质最佳的有“蒙顶甘露”、“蒙顶黄芽”等。

1. 品质特点

蒙顶甘露品质特征为：外形紧卷多毫，嫩绿色润；内质香气馥郁，芬芳鲜嫩；汤色碧清微黄，清澈明亮，滋味鲜爽，浓郁回甜，叶底嫩芽秀丽、匀整。

明代著名医学家李时珍所著《本草纲目》中有这样的记载：“真茶性冷，惟雅州蒙顶山出者温而主祛疾……”也清楚地表明了蒙顶山茶是唯一中性茶这一无可比拟的功效。而现代医学对蒙顶山绿茶的研究表明，常饮蒙顶山绿茶，对人体健康大有益处。据全国茶叶研究所化验专家分析，蒙顶山茶中含物质丰富，如茶多酚、氨基酸、可溶糖、维生素等。华西医大研究人员以蒙顶山绿茶为实验品作食道癌防治研究，证明有明显功效。因为蒙顶山绿茶鲜叶中天然物质保留有85%以上，而这些物质对防癌、抗癌、杀菌、消炎均有特殊效果，为其他茶叶所不及。

2. 品鉴

蒙顶甘露为一芽一叶初展，新鲜芽叶适当摊放，以高温杀青，经过三炒、三揉、三烘和整形工序。外形纤细、紧卷多毫、嫩绿色润，全身披毫，假茶则色泽暗淡不匀，掉毫或散毫。蒙顶甘露香气高爽，假茶则要么无香，要么是甜香精味。

3. 泡茶法

宜采用上投法，水温在75℃～85℃，在温杯洁具后，把水注入杯中七分满，然后取茶投入，茶叶徐徐下落绽放如花，香气升腾，汤黄微碧，清澈明亮。品啜时，顿有五脏六腑被甘露滋润而全身舒爽的感觉，其高山茶独特的滋味令人陶醉。

（八）太平猴魁

属绿茶类尖茶，是中国历史名茶，创制于1900年，产于安徽黄山北麓的新明、龙门、三口一带。太平猴魁外形两叶抱芽，扁平挺直，自然舒展，白毫隐伏，有“猴魁两头尖，不散不翘不卷边”之称。叶色苍绿匀润，叶脉绿中稳红，兰香高爽，滋味醇厚回甘，有独特的韵味，汤色清绿明澈，叶底嫩绿匀亮，芽叶成朵肥壮。

由于产地低温多湿，土质肥沃，云雾笼罩，故而茶质别具一格：茶芽挺直，肥壮细嫩，外形魁伟，色泽苍绿，全身毫白，具有清汤质绿、水色明、香气浓、滋味醇、回味甜的优秀特征，是尖茶中最好的一种。

1. 鉴 别

外形:太平猴魁扁平挺直,魁伟重实,简单地说,就是其个头比较大,两叶一芽,叶片长达5～7厘米,这是独特的自然环境使其鲜叶持嫩性较好的结果,是太平猴魁独一无二的特征,其他茶叶很难鱼目混珠。冲泡后,芽叶成朵肥壮,有若含苞欲放的白兰花,此乃极品的显著特征,其他级别形状相差甚远,则要从色、香、味仔细辨识。

颜色:太平猴魁苍绿匀润,阴暗处看绿得发乌,阳光下更是绿得好看,绝无微黄的现象。冲泡之后,叶底嫩绿明亮。

香气:香气高爽持久,太平猴魁比一般的地方名茶更耐泡,"三泡四泡幽香犹存",一般都具有兰花香。

滋味:太平猴魁滋味鲜爽醇厚,回味甘甜,泡茶时即使放茶过量,也不苦不涩。不精茶者饮用时常感清淡无味,有人云其"甘香如兰,幽而不冽,啜之淡然,似乎无味。饮用后,觉有一种太和之气,弥沦于齿颊之间,此无味之味,乃至味也"。

2. 冲泡法

与其他茶品相比,太平猴魁茶汤回味甘甜,冲泡时就算放置的茶量过多了也不会苦涩,而其他茶类如果冲泡时放置的过多的话就会苦涩了,而且太平猴魁的冲泡比较简单。

(1)冲泡茶具上可以选择一个直形的玻璃杯,这样在冲泡过程中就可以欣赏到茶叶在水中舒展的过程。

(2)从包装袋中取出3～5克的茶叶放入杯中,可以将茶叶的根部朝下进行放置,这样不仅看起来会美观些,而且更易于欣赏。

(3)冲入90℃左右的开水,第一次冲泡时不要加得太满,到差不多快一半的时候就可以了，等茶叶慢慢地舒展开来。

(4)茶叶舒展得差不多时加入第二次开水，等几分钟，等到茶汤温度差不多时就可以进行品饮了。

在品饮时不要一次性全部都喝掉，剩下三分之一左右，以便于后面的冲泡。

(九)屯　绿

屯绿，历史悠久，主要产于安徽休宁、歙县、祁门、屯溪等地，是中国著名传统炒青绿茶，有“绿色黄金”之誉。过去皖南山区所产绿茶都集中在屯溪加工和输出，故称“屯绿”，一直沿用至今。

屯绿成品茶条索紧结，匀整壮实，色泽绿润，香气蕴涵花香或熟板栗香；汤色嫩黄清明，滋味浓厚甘醇，先稍带苦味，然后回甘。

冲泡前，先将选好的茶具，用开水冲泡洗净。冲泡时，一般选用玻璃杯或白瓷杯饮茶，而且无须用盖，这样一则增加透明度，便于人们赏茶观姿；二则以防嫩茶泡熟，失去鲜嫩色泽和新鲜滋味。

对条索比较松散的高档名优屯绿，一般采用中投法，即先将开水注入杯中约 1/3 处，待水温凉至 80℃左右时，将茶叶投入杯中，少顷，再将约 80℃的开水徐徐加入杯的七分满处，稍后即可品茶。

饮茶前，一般多以闻香为先导，再品茶啜味，以品尝茶的真味。另外，屯绿冲泡，一般以 2～3 次为宜。若需再饮，那么，得重新冲泡才是。

(十)庐山云雾茶

庐山云雾茶，因产自中国江西庐山而得名，中国十大名茶之一，始于中国汉朝，宋代列为“贡茶”。有诗赞曰：“庐山云雾茶，味浓性泼辣，若得长时饮，延年益寿法。”素来以“味醇、色秀、香馨、汤清”享有盛名。茶汤清淡，宛若碧玉，味似龙井而更为醇香，“匡庐奇秀甲天下，云雾醇香益寿年”。庐山云雾景观是庐山之奇景，庐山处于一个盆地，大江大湖蒸腾大量不竭的水汽，形成滔滔的云雾涌向庐山，诡谲奇特，变化多端。庐山云雾茶由于长年饱受庐山流泉飞瀑的浸润、行云走雾的熏陶，从而形成其独特的醇香品质：叶厚毫多、醇香甘润、富含营养、延年益寿。

庐山种茶，历史悠久。远在汉朝，这里已有茶树种植。据《庐山志》记载，东汉时，佛教传入我国，当时庐山梵宫寺院多至 300 余座，僧侣云集。他们攀危崖，冒飞泉，竞采野茶；在白云深处，劈崖填峪，栽种茶树，采制茶叶。东晋时庐山已成为佛教中心之一，据载，当时名僧慧远，在山上居住三十余年，聚集僧徒，讲授佛学，在山中发展种茶。唐朝时庐山茶已很著名。

1. 品质特点

庐山云雾茶芽肥绿润多毫，条索紧凑秀丽，香气鲜爽持久，滋味醇厚甘甜，汤色清澈明亮，叶底嫩绿匀齐，是绿茶中的精品，以“味醇、色秀、香馨、液清”而久负盛名。庐山山好、水好、茶也香，自古就有“峰奇山秀茶香”之说，若用庐山的山泉沏茶，其滋味更加香醇可口。

通常用“六绝”来形容庐山云雾茶，即“条索粗壮、青翠多毫、汤色明亮、叶嫩匀齐、香凛持久，醇厚味甘”。云雾茶由于受庐山凉爽多雾的气候及日光直射时间短等条件影响，形成叶厚、毫多、醇甘耐泡的独特风味。

2. 贮存方法

首先在包装上要用铝箔袋包装，其次，在温度上要控制在10℃以下，另外，不能和其他任何物品混放。还要注意一点，从冷库里拿出的茶叶不能立即打开，应在室内放置一下，使袋内的茶叶温度和外面温度一致再开，如袋内温度和袋外温度不一致那会加速茶叶变质。

二、白　茶

白毫银针

白毫银针，按制茶种类分，属白茶类。它与宋代《大观茶论》中记述的白茶，即以银线水芽为原料制成的"龙团胜雪"饼茶，以及现代的凌云白毫、君山银针等茶不同，后者属绿茶或黄茶类。

由于鲜叶原料全部是茶芽，制成成品茶后，形状似针，白毫密被，色白如银，因此命名为白毫银针。其针状成品茶，长三厘米许，整个茶芽为白毫覆披，银装素裹，熠熠闪光，令人赏心悦目。冲泡后，香气清鲜，滋味醇和，杯中的景观也使人情趣横生。茶在杯中冲泡，即出现"白云疑光闪，满盏浮花乳"，芽芽挺立，蔚为奇观。

现代白茶类的创制始于白毫银针。明代田艺衡《煮泉小品》中称："茶者以火作为次，生晒者为上，亦更近自然，且断烟火气耳。"如果说这是关于古代白茶的记述，则现代白茶堪称是古老而又年轻之茶品。

1. 产　地

白毫银针的产地位于中国福建福鼎和南平市政和县。福鼎属于亚热带季风气候，雨量充足，福鼎境内山丘地约占陆地总面积的91%，盆谷平原约占9%，有青龙山和太姥山，海拔在900米以上，适合茶叶的生长。福鼎是“中国白茶之乡”，是福建省最大的有机茶生产基地。

政和县也是白毫银针的主产地之一，属亚热带季风湿润气候区，由于鹫峰山脉横贯县境东部，峰峦起伏，气候较温和，土壤较肥沃，形成了独特的高山平原二元地理气候条件，适合茶叶的生长。政和县是全国最大的白茶基地，政和工夫茶是福建三大工夫茶之一。白毫银针被誉为中国十大名茶之一，品质优良，在购买茶叶的时候需要分清是否白毫银针的原产地福鼎和政和县的茶叶。

2. 制　作

白毫银针纯用肥芽制成。产地不同，制法和品质略有差异。福鼎银针早时亦称“北路银针”。采制时选凉爽晴天，将鲜针薄摊于萎凋帘，置于日光下暴晒，待含水率达10%～20%时，摊于焙笼上（烘心盘用薄纸垫衬，以防芽毫灼伤变黄），用文火（40℃～50℃）烘至足干。政和银针亦称“南路银针”，鲜针摊于水筛上，置于通风场所，晾至含水率20%～30%时，移至烈日下晒干。晴天也可先晒后风干。毛茶经拣剔好为精茶，复火后趁热装箱。

3. 品　鉴

白毫银针外形芽壮肥硕显毫，色泽银灰，熠熠有光。汤色杏黄，滋味醇厚回甘，冲泡后，茶芽徐徐下落，慢慢沉至杯底，条条挺立。

白毫银针的成品茶，芽头肥壮，满披白毫，挺直如针。福鼎白毫，茶芽茸毛厚，白色富光泽，汤色浅杏黄，味清鲜爽口。政和白毫，汤味醇厚，香气清芬。

白毫银针的形、色、质、趣是名茶中绝无仅有的，实为茶中珍品，品尝泡饮，别有风味。品选银针，寸许芽心，银光闪烁；冲泡杯中，条条挺立，如陈枪列戟；微吹饮啜，升降浮游，观赏品饮，别有情趣。

冲泡过后的白毫银针就像细长的针一样直直地立于水中，由于它的芽头满是白色茸毛，配上绿色的芽叶确实让人赏心悦目。

4. 冲泡法

白毫银针泡饮方法与绿茶基本相同，但因其未经揉捻，茶汁不易浸出，冲泡时间宜较长。将 3 克银针置沸水烫过的无色无花透明玻璃杯中，冲入 200 毫升 70℃～75℃开水，开始时茶芽浮于水面，5～6 分钟后茶芽部分沉落杯底，部分悬浮茶汤上部，此时茶芽条条挺立，上下交错，望之有如石钟乳，蔚为奇观。约 10 分钟后茶汤泛黄即可取饮，此时边观赏边品饮，尘俗尽去，意趣盎然。

5. 功 效

白毫银针性寒，有祛湿退热、降火解毒之功效，常作为药用。清代周亮工在《闽小记》中，有很好的说明："太佬山古有绿雪芽，今呼白毫，色香俱绝，而尤以鸿雪洞为最，产者性寒凉，功同犀角（一种贵重的中药），为麻疹圣药，运销国外，价同金埒（即价同金相等）。"

6. 保存方法

白毫银针的成分是很不稳定的，在一定条件下易产生化学变化，这就是所说的茶变。那么怎样避免这种现象呢？

若是准备贮存白毫银针，先要检查一下白毫银针的含水量，含水量越低越好。检查方法是用手指轻轻捏一捏，如果成粉末状，说明含水量较低，可以贮藏。反之则应尽快喝完，不适宜久放。

保存白毫银针的容器应以锡瓶、瓷坛、有色玻璃瓶为佳。其次宜用铁罐、木盒、竹盒等，塑料袋、纸盒最次。保存茶叶的容器要干燥，洁净，不得有异味。茶叶装进容器后，宜放在干燥通风处，而不能放在潮湿、高温、不洁、暴晒的地方。而且，储存的地方还不能有樟脑、药品、化妆品、香烟、洗涤用品等有强烈气味的物品。

三、黄　茶

（一）君山银针

君山银针产于湖南岳阳洞庭湖中的君山，形细如针，故名君山银针。其成品茶芽头茁壮，长短大小均匀，茶芽内面呈金黄色，外层白毫显露完整，而且包裹坚实，茶芽外形很像一根根银针，雅称"金镶玉"，"金镶玉色尘心去，川迴洞庭好月来"。君山茶历史悠久，唐代就已生产、出名，据说文成公主出嫁时就选带了君山银针茶带入西藏。

君山银针由未展开的肥嫩芽头制成，芽头肥壮挺直，匀齐，满披茸毛，色泽金黄光亮，香气清鲜。其采制要求很高，如采摘茶叶的时间只能在清明节前后 7～10 天内，还规定了 9 种情况下不能采摘，即雨天、风霜天、虫伤、细瘦、弯曲、空心、茶芽开口、茶芽发紫、不合尺寸等。

1. 品质鉴别

君山银针干茶全由芽头制成，茶身布满毫毛，色泽鲜亮；香气高爽，汤色橙黄，滋味甘醇，虽久置而其味不变。冲泡时可从明亮的杏黄色茶汤中看到根根银针直立向上，几番飞舞之后，团聚一起立于杯底。成品茶按芽头肥瘦、曲直，色泽亮暗进行分级，以壮实挺直亮黄为上。优质茶芽头肥壮，紧实挺直，芽身金黄，满披银毫，汤色橙黄明净，香气清纯，叶底嫩黄匀亮。假银针为青草味，泡后银针不能竖立。

2. 冲泡法

君山银针是一种较为特殊的黄茶，有幽香、有醇味，具有茶的所有特性，但它更注重观赏性，因此冲泡技术和程序十分关键。

冲泡君山银针用的水以清澈的山泉为佳，茶具最好用透明的玻璃杯，并用玻璃片作盖。杯子高度 10～15 厘米，杯口直径 4～6 厘米，每杯用茶量为 3 克，其具体的冲泡程序如下：

用开水预热茶杯，清洁茶具，并擦干杯，以避免茶芽吸水而不宜竖立。用茶匙轻轻从共罐中取出君山银针约 3 克，放入茶杯待泡。用水壶将 70℃左右的开水，先快后慢冲入盛茶的杯子，至 1/2 处，使茶芽湿透。稍后，再冲至七八分满为止。约 5 分钟后，去掉玻璃盖片。君山银针经冲泡后，可看见茶芽渐次直立，上下沉浮，并且在芽尖上有晶莹的气泡。君山银针是一种以赏景为主的特种茶，讲究在欣赏中饮茶，在饮茶中欣赏。刚冲泡的君山银针是横卧水面的，加上玻璃片盖后，茶芽吸水下沉，芽尖产生气泡，犹如雀舌含珠，似春笋出土。接着，沉入杯底的直立茶芽在气泡的浮力作用下，再次浮升，如此上下沉浮，真是妙不可言。

当启开玻璃盖片时，会有一缕白雾从杯中冉冉升起，然后缓缓消失。赏茶之后，可端杯闻香，闻香之后就可以品饮了，入口清香沁人，齿颊留芳。

(二)霍山黄芽

霍山黄芽产于安徽霍山大化坪镇，为中国名茶之一。霍山地处大别山腹地，古属淮南道寿州盛唐县，唐代陆羽《茶经》中就有霍山产茶之记载。唐朝李肇《国史补》把黄芽列为14品目贡品名茶之一。自唐至清，霍山黄芽历代都被列为贡茶。

1. 品质特点

外形条直微展、匀齐成朵、形似雀舌、嫩绿披毫，香气清香持久，滋味鲜醇浓厚回甘，汤色黄绿清澈，叶底嫩黄明亮。

2. 冲泡法

冲泡黄芽宜用无色透明玻璃杯，以便更好地欣赏茶叶在水中上下翻飞、翩翩起舞的仙姿，观赏黄芽汤色、茸毫。

冲泡黄芽的水温宜在80℃左右，茶叶与水的比例为1∶50，即每杯投茶叶2克左右，冲水100毫升。

采用“回旋注水法”，轻轻地将水沿杯子周边旋转着冲入，注水量约占杯容量的1/4～1/3。浸润时间20～60秒，目的使黄芽吸水膨胀，便于内含物的析出。然后提高水壶，让水由高处向下冲去，注入杯约七成左右，让杯中的茶叶在水的冲击下上下翻滚，促使茶叶中的有效成分迅速浸出。

品饮之前，先赏茶汤，观色、闻香、赏形，然后趁热品啜茶汤的滋味。黄芽形似雀舌，嫩绿披毫，清香持久，滋味鲜醇，汤色黄绿，清澈明亮。第一泡品茶之鲜醇和清香；第二泡茶香最浓，滋味最佳，要充分体验茶汤甘泽润喉、齿颊留香、回味无穷的特征；第三泡时茶味已淡，香气亦减。三泡之后，一般不再饮了。

（三）蒙顶黄芽

美丽的四川蒙山不仅盛产绿茶名品蒙顶甘露，而且也是黄茶极品蒙顶黄芽的故乡。蒙山那终年蒙蒙的烟雨，茫茫的云雾，肥沃的土壤，优越的环境，为蒙顶黄芽的生长创造了极为适宜的条件。

蒙顶黄芽采摘于春分时节，茶树上有10%的芽头鳞片展开，即可开园采摘。选圆肥单芽和一芽一叶初展的芽头，经复杂制作工艺，使成茶芽条匀整，扁平挺直，色泽黄润，金毫显露；汤色黄中透碧，甜香鲜嫩，甘醇鲜爽，为黄茶之极品。

特级蒙顶黄芽茶青采用明前全芽头制作、每市斤干茶需要4～5万个芽头。蒙顶黄芽做工精细，采用传统炒闷结合的工艺，采用嫩芽杀青，草纸包裹置灶边上保温变黄，让茶青在湿热的环境下自然发酵，然后做型，再包黄烘干，口感鲜醇甘爽。

1. 品质特点

黄茶的品质特点是“黄叶黄汤”。这种黄色是制茶过程中进行闷堆渥黄的结果。黄茶分为黄芽茶、黄小茶和黄大茶三类。黄芽茶芽叶细嫩，显毫，香味鲜醇。由于品种的不同，在茶片选择、加工工艺上有相当大的区别。

蒙顶黄芽外形扁直，芽条匀整，色泽嫩黄，芽毫显露，甜香浓郁，汤色黄亮透碧，滋味鲜醇回甘，叶底全芽嫩黄。

2. 冲泡方法

冲泡蒙顶黄芽用的水以清澈的山泉为佳，茶具最好用透明的玻璃杯，并用玻璃片作盖。杯子高度10～15厘米，杯口直径4～6

厘米，每杯用茶量为 3 克，其具体的冲泡程序如下：

用开水预热茶杯，清洁茶具，并擦干杯，以避免茶芽吸水而不宜竖立。用茶匙轻轻从共罐中取出蒙顶黄芽约 3 克，放入茶杯待泡。用水壶将 70℃左右的开水，先快后慢冲入盛茶的杯子，至 1/2 处，使茶芽湿透。

稍后，再冲至七八分满为止。约 5 分钟后，去掉玻璃盖片。蒙顶黄芽冲泡后，可看见茶芽渐次直立，上下沉浮，并且在芽尖上有晶莹的气泡。刚冲泡的蒙顶黄芽是横卧水面的，加上玻璃盖片后，茶芽吸水下沉，芽尖产生气泡，犹如雀舌含珠，似春笋出土。

接着，沉入杯底的直立茶芽在气泡的浮力作用下，再次浮升，如此上下沉浮，真是妙不可言。当启开玻璃盖片时，会有一缕白雾从杯中冉冉升起，然后缓缓消失。赏茶之后，可端杯闻香，闻香之后就可以品饮了。

四、乌龙茶

(一)安溪铁观音

安溪铁观音主要产于福建安溪境内的剑斗镇、感德镇等海拔较高的山区，铁观音就是由那里青山绿水、景色优美的自然生态环境“造就”出来的。安溪铁观音发明于 1725—1735 年间，属于乌龙茶类，是乌龙茶类的代表。

铁观音茶树，天性娇弱，产量不大，所以便有了“好喝不好栽”的说法，铁观音茶从而也更加名贵。纯种铁观音植株为灌木型，树势披展，枝条斜生，叶片水平状着生。叶形椭圆，叶缘齿疏而钝，叶面呈波浪状隆起，具明显肋骨形，略向背面反卷，叶肉肥厚，叶色浓绿光润，叶基部稍钝，叶尖端稍凹，向左稍歪，略向下垂，嫩芽呈紫红色，因此有“红芽歪尾桃”之称，这是纯种的特征之一。

1. 品鉴

鉴别铁观音是一项高深的学问，一般可从“观形、听声、闻香、察色、品韵”等方面入手来辨别茶叶的优劣。

观形：条索肥壮、圆整呈蜻蜓头、沉重，枝心硬，枝头皮整齐，叶大部分向叶背卷曲，色泽乌黑油润，砂绿明显。优质铁观音茶条卷曲、壮结、沉重，呈青蒂绿腹蜻蜓头状，色泽鲜润，砂绿明显，红点明朗，叶表带白霜。

听声：干茶沉重，色墨绿，精品茶叶较一般茶叶紧结，叶身沉重。取少量茶叶放入茶壶，可听“当当”之声，其声清脆为上，声哑者为次。

闻香：香气浓郁持久，音韵明显，带有兰花香或者生花生仁味、椰香等各种清香味；精品铁观音茶汤香味鲜溢，启盖端杯轻闻，其独特香气既芬芳扑鼻，且馥郁持久，令人心醉神怡，有天然馥郁的兰花香。铁观音茶香高而持久，“七泡有余香”。

察色：冲泡后汤色金黄浓艳似琥珀，茶汤金黄、橙黄，滋味醇厚甘鲜，稍带蜜味，鲜爽回甘，浓艳清澈。滋味醇厚甘鲜，回甘悠久，俗称有“音韵”。

品韵：茶叶冲泡展开后叶底肥厚明亮（铁观音茶叶特征之一叶背外曲），叶面呈波状，具绸面光泽，称“绸缎面”，此为上，汤色暗红者次之。枝身圆，梗皮红亮，叶柄宽肥厚。

2. 品质特点

汤香气浓郁，入口甘甜，汤水色泽相对清淡，尤其头泡、二泡茶更是如此，三泡之后，其汤色呈黄绿色，汤水入口，细搅可感其带微酸，口感特殊，而且酸中有香，香中含酸。酸中有甘，甘中带香。

茶质特征：一是口味纯正，指该茶入口后茶味充溢，鲜有其他异味；二是汤醇，即汤水厚实，有稠感，俗称“茶水好”；三是回甘强，指茶水入口吞咽后，留于口齿舌部的感觉清甘爽朗，且强烈持久，让人久久回味，意犹难尽。

(二)武夷大红袍

武夷山大红袍是中国茗苑中的奇葩，素有“茶中状元”之美誉，乃岩茶之王，堪称国宝，产于福建省武夷山，以精湛的工艺特制而成。成品茶香气浓郁，滋味醇厚，有明显“岩韵”特征，饮后齿颊留香，被誉为“武夷茶王”。大红袍茶树为灌木型，九龙窠陡峭绝壁上存有四株千年古树，产量稀少，被视为稀世之珍。

武夷山悬崖绝壁，深坑巨谷，茶农利用岩凹、石隙、石缝，沿边砌筑石岸，构筑盆栽式茶园，俗称“石座作法”。“岩岩有茶，非岩不茶”，岩茶因而得名。主要品种有武夷水仙、武夷奇种、大红袍等，多随茶树产地、生态、形状或色香味特征取名。其中，大红袍最为名贵，品质最优。

武夷山大红袍因早春茶芽萌发时，远望通树艳红似火，似红袍披树，故得名。

1. 品　鉴

外形条索紧结，色泽绿褐鲜润，冲泡后汤色橙黄明亮，叶片红绿相间,典型的叶片有绿叶红镶边之美感。大红袍品质最突出之处是香气馥郁有兰花香,香高而持久,“岩韵”明显。大红袍很耐冲泡,冲泡七、八次仍有香味。品饮大红袍茶,必须按工夫茶小壶小杯细品慢饮的程式,才能真正品尝到“岩茶之巅”的韵味。以及活、甘、清、香的特点。

品鉴要从几个方面来观察:外形、汤色、香气、滋味、冲泡次数和叶底等多个方面,其中以香气和滋味这两方面为重点。

香气:香气清爽,吸入后,深呼一口气从鼻中出,若能闻到幽幽香气的,其香品为上。熟香型(足焙火)的茶以果香以及奶油香为上,清香型(轻焙火)的茶以花香及蜜桃香为上。

滋味:入口甘爽滑顺者美,苦、涩、麻、酸者劣。茶水无质感,淡薄者为下品。苦涩味的轻重往往决定岩茶品质高低。冲泡次数,通常为八泡左右,超过八泡以上者更优。好的茶有“七泡八泡有余香,九泡十泡余味存”的说法。

优质茶应具备以下特点:无明显苦涩,有质感(口中茶水感觉黏,有稠度),润滑,回甘显,回味足。茶底厚,啜之有骨,持久不变,可谓“舌本常留甘尽日”之感。回味持久,指口腔舒适快感的持久性,而不是苦涩及杂味的持久性,优质茶应饭前饮茶,饭后尚感有余香。

2. 品质特征

武夷岩茶之大红袍茶,外形条索肥壮,紧结,匀整,带扭曲条形,俗称“蜻蜓头”。叶背起蛙皮状砂粒,俗称“蛤蟆背”。内质香气馥郁,隽永,滋味醇厚回甘,润滑爽口,汤色橙黄,清澈艳丽;叶底匀亮,边缘朱红或起红点,中央叶肉黄绿色,叶脉浅黄色,耐泡 6～8 次以上。假茶开始味淡,欠韵味,色泽枯暗。

(三)凤凰单丛

凤凰单丛,主要产于广东潮州凤凰山。该区濒临东海,气候温暖湿润,雨水充足,茶树均生长于海拔一千米以上的山区,终年云雾弥漫,空气湿润,昼夜温差大,年均气温在20℃左右,年降水量1 800毫米左右,土壤肥沃深厚,含有丰富的有机物质和多种微量元素,有利于茶树的发育与形成茶多酚和芳香物质。

单丛茶是选拔优良单株茶树,经培育、采摘、加工而成。因成茶香气、滋味的差异,当地习惯将单丛茶按香型分为黄枝香、芝兰香、桃仁香、玉桂香、通天香等多种。因此,单丛茶实行分株单采,当新茶芽萌发至小开面时(即出现驻芽),即按一芽、二三叶标准,用骑马采茶手法采下,轻放于茶罗内,有强烈日光时不采、雨天不采、雾水茶不采的规定。一般于午后开采,当晚加工,制茶均在夜间进行。经晒青、晾青、碰青、杀青、揉捻、烘焙等工序,历时10小时制成成品茶。其外形条索粗壮,匀整挺直,色泽黄褐,油润有光,并有朱砂红点;冲泡清香持久,有独特的天然兰花香,滋味浓醇鲜爽,润喉回甘;汤色清澈黄亮,叶底边缘朱红,叶腹黄亮,素有"绿叶红镶边"之称,具有独特的山韵品格;另有一些特殊山场及树种的茶青,经炭火慢焙一段时间后,口感及香气便更加独特,"山韵"较轻的茶口感更为深厚,耐泡度亦更高。

(四)文山包种

文山包种茶,又名"清茶",为轻度半发酵乌龙茶,是台湾乌龙茶中发酵程度最轻的清香型绿色乌龙茶。

文山包种盛产于台湾台北市和桃园等县。其中以台北文山地区所产制的品质最优，香气最佳，所以习惯上称之为“文山包种茶”。文山包种茶和冻顶乌龙茶一样，都是台湾的特产，享有“北文山、南冻顶”之美誉。包种茶外观似条索状，色泽翠绿，水色蜜绿鲜艳带金黄，香气清香幽雅似花香，滋味甘醇滑润带活性。

文山包种茶的采制工艺：雨天不采，带露不采，晴天要在上午十一时至下午三时之间采摘。

1. 品质特征

制成的文山包种茶外形条索紧结，自然卷曲，茶色墨绿有油光，香气清新持久，有天然幽雅的芬芳气味，冲泡后茶汤色泽金黄，清澈明亮。品饮时，滋味甘醇鲜爽，入口生津，齿颊留香久久不散，具有“香、浓、醇、韵、美”五大特色，素有“露凝掀”、“雾凝香”的美称。

文山包种茶清扬的香气就是它典型的特征。世界上没有一种茶类像文山包种茶如此讲究香气品质，这种茶可以号称是世界上最讲究香气品质的茶类。

2. 鉴别方法

判断文山包种茶的好坏可依香味、外观、茶色三项标准判断。

香味又可分香气和滋味两项。香气优雅清香，飘而不腻，入口穿鼻一而再三者为上乘，滋味新鲜无异味，入口生津落喉甘润韵无穷。外观又分形状与色泽，形状条索整齐，叶尖蜷曲自然，幼枝嫩叶连理，粉末黑点未生，色泽鲜艳墨绿带丽色，调和清静不掺杂，嫩叶金边色隐存，银豪白点蛙皮生。茶色蜜绿鲜艳浮丽色，澄清明丽水底色，琥珀黄金井上品，橙黄黄碧绿亦清。合于上述条件，才是上等的文山包种茶。

(五)冻顶乌龙茶

被誉为台湾乌龙茶中的传统性代表,被誉为“茶中圣品”。

冻顶乌龙产自台湾鹿谷附近冻顶山,从茶园所处的自然环境来看,即是冬季也并无严寒相侵,雪冻冰封,那么为何名冻顶呢?据说是因冻顶山迷雾多雨,山路崎岖难行,上山的人都要绷紧脚趾,一步步顶着上冻顶山头,台湾俗称“冻脚尖”,才能上得去,这即是冻顶山名之由来,茶亦因山而名,所以冻顶茶产量有限,尤为珍贵。它属于轻发酵的叶型茶类,在风格上与文山包种相似,只是茶青采摘得较成熟,揉捻较重。

冻顶乌龙茶汤清爽怡人,汤色蜜绿带金黄,茶香清新典雅,香气清雅,喉韵回甘浓郁且持久。

传统上,其发酵程度在35%～50%左右。制茶过程独特之处在于:烘干后,需再重复以布包成球状揉捻茶叶,使茶成半发酵半球状,称为“布揉制茶”或“热团揉”。传统冻顶乌龙茶带明显焙火味,亦有轻焙火制茶。此外,亦有陈年炭焙茶,是每年反复拿出来高温慢烘焙,而制出甘醇后韵十足的茶。

选购冻顶乌龙要注意观察它独特的品质特征,上等的冻顶乌龙茶与次品相比,无论是外观还是内质都有很大的差别。上等乌龙茶有以下特点:

(1)外观:条索紧结弯曲,色泽墨绿鲜艳,有灰白点状的斑,干茶有强劲的芳香。

(2)叶底:底边缘有红边,中央部分呈淡绿色。

(3)汤色和滋味:冲泡后汤色橙黄,有像桂花香一样的香气,滋味醇厚，回甘强。

冻顶乌龙既有不发酵茶的特性，又有全发酵茶的特性。茶叶极敏感，遭晒、受潮，茶叶便要变色、变味、变质。所以，储存时，必须像储存绿茶一样：防晒、防潮、防气味。但是冻顶乌龙比绿茶耐储存，可以保存两三年。

（六）白毫乌龙

白毫乌龙具有“最高级乌龙茶”之称，又名“膨风茶”、“香槟乌龙”、“东方美人”，发酵度70%，为部分发酵乌龙茶中发酵程度最重的一种，在采青成熟度上与其他乌龙茶不同，是以采摘未成熟的芽茶为主。白毫乌龙茶可以说是全世界平均单价最昂贵的特色茶，而且绝对是全世界绝无仅有。

由于冷热软皆宜，待茶汤稍冷时，滴入一点白兰地等浓厚的好酒，可使茶味更加浓醇，而以此被誉为“香槟乌龙”；百余年前，白毫乌龙外销至欧洲等西方国家时，传至英国皇室，维多利亚女王感受其茶味和东方女性之温暖柔顺相似，且茶叶舒展开后形貌雅丽，而命名为“东方美人”。

1. 品质特征

白毫乌龙的特点为茶叶呈现红、白、黄、绿、褐色泽，茶汤为琥珀色。由于白毫乌龙茶是采幼嫩芽叶制成，含丰富之氨基酸，所以茶汤滋味较甘甜润口，又由于采重发酵处理，儿茶素一半以上几乎被氧化，所以较不苦不涩，高质量的白毫乌龙茶应具显著的天然熟果香和蜂蜜般的滋味，入口后立即感觉一股清甜芳香的气息萦绕两颊。

2. 冲泡法

与其他茶类之冲泡饮用最大不同点是，为了欣赏白毫乌龙茶冲泡展开后之茶姿，采用透明玻璃杯冲泡会是较好的选择。白毫乌龙茶之冲泡浓度，宜清淡一点的浓度，比较能感觉天然熟果香和蜂蜜般清甜的滋味，以茶和水比率为 1∶50 的浓度，依个人喜好再增减浓度冲泡。取白毫乌龙茶置人茶杯，再以 80℃～90℃的开水冲入，先欣赏白毫乌龙茶在茶杯中展开宛如花朵般的姿态，等约 5～6 分钟后即可把茶汤过滤出来饮用。

五、红　茶

（一）正山小种红茶

正山小种红茶是世界红茶的鼻祖。武夷山市桐木关江氏家族是生产正山小种红茶的茶叶世家，至今已有四百多年的历史。据正山小种红茶世家第二十四代传人——江元勋先生所说，江氏族谱中记载：江氏家族于南宋末年迁居崇安县（现为武夷山市）桐木关，世代种茶。武夷山国家级自然保护区核心区武夷山市星村镇桐木关，就像一块保留地，内涵隽永却又无声无息。

在江氏家族内流传着这样一个关于正山小种的故事：明朝中后期的某年，在采茶的季节，有一支军队路过于此，晚上驻扎于今天的桐木关庙湾等地，当地茶农未曾见过如此动乱场面，当天已采摘的茶青没有来得及制作茶叶，第二天已经发酵。为了挽回损失，茶农以当地马尾松干柴进行炭焙烘干，并通过增加一些特殊工序，以最大程度保留茶叶成分。制成的茶叶运往镇上销售，本是无心之作的茶叶，却受到大量茶客的欢迎与喜爱，接下来订单逐年增多，需要整个桐木关都全力生产此种茶叶，才可勉强满足市场的需求，也使得桐木关远近闻名。

这种茶叶在逐渐被人们接受的过程中，被人们叫作“正山小种”。正山，意为内山，也只有现在的武夷山自然保护区内生产的茶叶才可以保持原本的正山小种的内涵与味道，才是真正的正山小种。

历史上，正山小种红茶最辉煌的年代在清朝中期。据史料记载，嘉庆前期，中国出口的红茶中有 85％冠以正山小种红茶的名义，鸦片战争后，正山小种红茶对贸易顺差的贡献作用依然显著。在正山小种红茶享誉海外的同时，福建的宁德、安徽的祁门等地也开始学习正山小种红茶的种植加工技术，正山小种红茶的加工技艺也逐渐地传入国内各大产区，最终形成了如今闻名全国的工夫红茶。

1. 品质特征

经过精心采摘制作的成品茶，条索肥壮，紧结圆直，色泽乌润，冲水后汤色艳红，经久耐泡，滋味醇厚，似桂圆汤味，气味芬芳浓烈，以醇馥的烟香和桂圆汤、蜜枣味为其主要品质特色。如加入牛奶，茶香不减，形成糖浆状奶茶，甘甜爽口，别具风味。

2. 冲泡法

掌握冲泡正山小种的水温是非常重要的，适合的水温有利于正山小种茶叶香气、滋味以及所富含的内含物的浸出。一般我们选用煮沸后自然凉至 90℃左右的水冲泡，较传统绿茶水温偏高的原因在于正山小种红茶的选料及制作工艺特殊。

头泡的“温茶”出水要快。这一泡的浸泡时间不宜超过10秒，5秒内出水为佳，防止正山小种红茶香气产生不良的影响。不同品种的正山小种红茶浸泡时间不同，通常来说正山小种红茶不适合长时间的浸泡，一般前4泡的浸泡时间不宜超过30秒，后几泡浸泡时间可以略长一些，但也以不要超过60秒为宜。

3. 储存方法

正山小种红茶保管方法比较简易，通常采用常温下密封、避光保存即可。因其是全发酵茶，一般存放一两年后松烟味进一步转换为干果香，滋味变得更加醇厚而甘甜。茶叶越陈越好，三年以上的正山小种味道开始变得醇厚韵长。

(二)祁门红茶

祁门红茶品质超群，被誉为“群芳最”，产于安徽祁门一带，茶叶的自然品质以祁门的历口、闪里、平里一带最优。这与祁门地区的自然生态环境条件优越是分不开的。祁门地处安徽南端，黄山支脉由东向西环绕，西北有大洪岭和历山，东有楠木岭，南有榉根岭，山地面积占总面积的90%，平均海拔高度为600米左右，茶园80%左右分布在海拔100～350米的峡谷地带，森林面积占80%以上，早晚温差大，常有云雾缭绕，且日照时间较短，构成茶树生长的天然环境，酿成“祁红”特殊的芳香味。

1. 品 鉴

成品祁门红茶的条索紧细苗秀、色泽乌润、金毫显露、汤色红艳明亮、滋味鲜醇酣厚、香气清香持久，似花、似果、似蜜的“祁门香”早已闻名于世，位居世界三大高香名茶之首。

闻茶香：一杯茶到手，先要闻香。祁红茶香浓郁，香气甜润中蕴藏着一股兰花之香。

观汤色：茶汤的明亮度和颜色，表明红茶的发酵程度和茶汤的鲜爽度。再观叶底，嫩软红亮。祁红的汤色红艳，杯沿有一道明显的“金圈”。

品茶味：闻香观色后即可缓啜品饮，品味鲜爽。祁红滋味醇厚，回味绵长，与红碎茶浓强刺激性的口感有所不同。

三品得趣：祁红通常可冲泡三次，三次的口感各不相同，细饮慢品，徐徐体味茶之真味，方得茶之真趣。

2. 品质特征

祁门红茶始制于清代光绪年间，是红茶中的佼佼者，为工夫红茶的珍品，向来以“香高、味醇、形美、色艳”四绝驰名于世。祁门茶叶条索紧细秀长，汤色红艳明亮，特别是其香气酷似果香，又带兰花香，清鲜而且持久。可单独泡饮，最能品味祁红的隽永香气；也可加入牛奶调饮，不失其香醇。

每年春夏两季，茶农们只采鲜嫩茶芽的一芽二叶，然后经初制、揉捻、发酵等多道工序制成红茶。红茶的加工与绿茶相比，最重要的是增加了发酵的过程。揉捻细碎的嫩芽发酵后，由绿色变成了深褐色，这时还要经过人们细心挑选，将茶梗剔除。加工 1 000 克上好的红茶，一般需要 6 000 克鲜嫩的芽叶。

(三)滇　红

云南红茶简称滇红，产于云南省南部与西南部的临沧、保山、凤庆、西双版纳、德宏等地。产地境内群峰起伏，平均海拔1 000米以上，属亚热带气候，年均气温18℃～22℃，年积温6 000℃以上，昼夜温差悬殊。年降水量1 200～1 700毫米，有“晴时早晚遍地雾，阴雨成天满山云”的气候特征。其地森林茂密，落叶枯草形成深厚的腐殖层，土壤肥沃，致使茶树高大，芽壮叶肥，即使长至5～6片叶，仍质软而嫩，尤以茶叶的多酚类化合物、生物碱等成分含量，居中国茶叶之首。

滇红采用优良的云南大叶种茶树鲜叶，先经萎凋、揉捻或揉切、发酵、烘烤等工序制成成品茶；再加工制成滇红工夫茶，又经揉切制成滇红碎茶。成品茶外形条索紧结、雄壮、肥硕，色泽乌润，汤色鲜红，香气鲜浓，滋味醇厚，富有收敛性，叶底红润匀亮，金毫特显，毫色有淡黄、菊黄、金黄之分。

品质特征。以大叶种红碎茶拼配形成，定型产品有叶茶、碎茶、片茶、末茶四类11个花色。其外形各有特定规格，身骨重实，色泽调匀，冲泡后汤色红鲜明亮，金圈突出，香气鲜爽，滋味浓强，富有刺激性，叶底红匀鲜亮，加牛奶仍有较强茶味，呈棕色、粉红或姜黄，以浓、强、鲜为其特色。

六、黑　茶

(一)六堡茶

六堡茶，原产于中国广西梧州六堡镇，属黑茶类，采摘一芽二三叶，经摊青、杀青、揉捻、沤堆、干燥等工艺制成，红、浓、陈、醇，有独特槟榔香气，分特级和一至六级，越陈越佳。

1. 品　鉴

六堡茶色泽黑褐光润，汤色红浓明亮，滋味醇和爽口，略感甜滑，香气醇陈，有槟榔香味，叶底红褐，并且耐于久藏，越陈越好。如果说对其他茶类人们追求的是“青春”的滋味，那么对六堡茶而言，它打动人的则是岁月的沧桑，那愈陈愈香的特质是其他茶类不具备的。

2. 冲泡法

饮用六堡茶时，把六堡茶放在瓦锅中，加入山泉水，明火煮沸后，稍置放，待微温饮用，倍感味甘醇香，有提抻、益脾消滞、生津解暑的功效，若加适量冬蜜搅匀饮之，可治痢疾。储存五年以上的陈六堡茶，可治小儿惊风等症。六堡茶冲泡后隔夜滋味不变，汤色不浊，喝时清凉祛暑。

3. 养生功效

六堡茶属于温性茶，除了具有其他茶类所共有的保健作用外，更具有消暑祛湿、明目清心、帮助消化的功效，既可饱食之后饮之助消化，亦可以空腹饮之清肠胃。在闷热的天气里，饮用六堡茶清凉祛暑，倍感舒畅。六堡茶在晾置陈化后，茶中便可见到有许多金黄色“金花”，这是有益体质的黄真菌，它能分泌淀粉酶和氧化酶，可催化茶叶中的淀粉转化为单糖，催化多酚类化合物氧化，使茶叶汤色变棕红，消除粗青味。科学试验和六堡茶爱好者品茗实践证明，六堡茶除含有人体必需的多种氨基酸、维生素和微量元素外，所含脂肪分解酵素高于其他茶类，故六堡茶具有更强的分解油腻、降低人体类脂肪化合物、胆固醇、三酸甘油酯的功效，长期饮用可以健胃养神、减肥健身。因此，随着人们生活水平的提高，六堡茶愈来愈受到消费者的喜爱。

4. 储存方法

(1)不宜密闭。

(2)若茶有呛味,可置于空气中,待其呛味散尽再储存。

(3)若茶汤口感紧或涩,可将茶片剥散或摊开,待其自然"回润",益增其滋味之丰富及香气。

(4)应远离厨房及有怪味处。

(5)千万不可烘焙(即使低温亦不可)。

(6)散呛味以每年十月、十一月吹北风时,让自然风吹最佳,因北风干燥,湿度在50℃上下(平常约70℃),另外在非下雨天时用电风扇微风吹亦可,注意勿受太阳光直射。

(7)有气之茶(以20世纪50年代居多)如不立即品饮时,应保留其外纸及竹壳,以护其气,品饮前再将外纸去除,剥开回润,经常品饮,即可渐入佳境,回润至适当时,即可用纸包裹储存。

(8)无气或略有呛味的茶,宜将外纸撕去。

(9)清理干净,适度透气后再储存。

(10)整筒竹壳茶饼若无呛味,可用外纸包裹存放,纸有调节作用可挡过度湿气。

(11)以冷气送风会过于干燥,想去除呛味时可用此法。但呛味去除后,仍需以自然空气、适当的湿度来回润。

(二)云南普洱茶

普洱茶属于黑茶(也有人认为普洱茶自成一家,与黑茶有所不同),因产地旧属云南普洱府(今普洱市),故得名。茶树生于海拔

1 200～1 400 米的亚热带、热带山地森林中。现在泛指普洱茶区生产的茶，是以公认普洱茶区的云南大叶种晒青毛茶为原料，经过后发酵加工成的散茶和紧压茶。

外形色泽褐红，内质汤色红浓明亮，香气独特陈香，滋味醇厚回甘，叶底褐红，有生茶和熟茶之分，生茶自然发酵，熟茶人工催熟。越陈越香被公认为是普洱茶区别其他茶类的最大特点，普洱茶是“可入口的古董”，不同于别的茶贵在新，普洱茶贵在“陈”，往往会随着时间逐渐升值。

品鉴普洱茶，重点可以依次参照以下几个方面。

一是看外观：主要看匀整度、松紧度、色泽，嫩度、匀净度等，看形态是否端正，棱角是否整齐，条索是否清晰，有无起层落面。茶条索清晰，无起层落面、掉边，松紧适度，具“泥鳅边”，属于优质茶。

二是闻茶香：在品饮过程中主要采取热嗅和冷嗅的方法。优质的云南普洱散茶的干茶陈香显露，热嗅香气显著浓郁且纯正，冷嗅香气悠长，有一种很甜爽的味道。质次的则香气低，有的夹杂酸味、馊味、铁锈水味或其他杂味，也有的是臭霉味、腐败味。

三看汤色：主要看汤色的深浅、明亮，优质的云南普洱紧压茶，泡出的茶汤汤色明亮，滋味醇厚、滑顺、润喉、回甘，舌根生津。质次的普洱茶，则滋味平淡，零滑顺，不回甘，舌根两侧感觉不适，甚至产生涩麻感，而且茶汤欠明亮，往往还会有尘埃状或絮状完整悬浮其中，有的色泽颜色乌黑。

四看叶底：主要是看叶底色泽、叶质，看泡出来的叶底完不完整，是不是还维持柔软度和光亮度。优质的普洱茶色泽褐红、匀亮，花杂少，叶张完整，叶质柔软，不腐败，不硬化；质次的则色泽复杂、发乌欠亮，或叶质腐败，硬化。

另外，鉴别云南普洱紧压茶的质量还要注意是否内外品质如一，是不是那种好茶在外、茶渣在内的盖面茶或撒面茶。此外，在判定普洱茶的年份方面，五年以上陈茶在市面上已经不多，一般陈期 5～10 年的甘醇气味较重，汤色清亮，口感好；1～3 年的则气味平平，略带生味、水味或青味。

品饮普洱茶并不神秘，只要不断地实践、比较，尤其是跟茶友多交流，慢慢就自然而然领略普洱茶的好处。重要的是，刚开始的时候，不要选错了茶，若把质次品低的茶品作为以后品鉴的标准，则先入为主好比戴了有色眼镜，影响以后的品鉴水平。

1. 普洱生茶的选购与冲泡

普洱生茶是没有经过发酵而直接压制成形的，因此最大限度地保留了茶叶生长的信息，以及作为一种植物所蕴含的特有味道。冲泡时汤色青绿（新茶），略带一点黄绿，茶味浓郁苦涩。茶叶产区不同，出来的茶香、茶味区别比较大，往往通过直接品饮即可分辨。

普洱生茶制成后，如果是原生大树茶（野生茶），当年即可品尝（同样也不太好喝，但不至于不能入口）；跟熟茶差不多，有个三年左右的陈期，茶就变得相当好喝了。但如果是矮化茶田的茶园茶，当年品饮，又苦又涩，干、硬、薄、利……种种不良口感集于一身，那是非要等上五六年后天自然陈化，才能入口的。

传统意义上的普洱茶，得有两个条件：一是云南本土茶山生长出来的乔木大叶种茶；二是采下来的鲜叶一定要日光晒青。符合这两个条件，才算是正统的普洱茶。因此，严格意义上说，广云贡饼、湖南益阳的茯茶（黑茶）、四川制作的紧压茶、安徽六安瓜片，还有一些使用了与中国云南接壤的国家(如越南)的茶青制作的紧压茶,都不能算是传统意义上的普洱茶。

乔木大叶种、日光晒青的正统普洱茶,在冲泡口感上与非正统紧压茶也是有很大差别的。

在林林总总的正统普洱茶(生茶)中,从茶树生长形态可大体分为两类:一是使用人工种植的矮化茶树上采收的原料压制而成,俗称茶园茶;另一种是使用原生乔木大树茶上采收的原料压制而成,俗称野生茶。这两种类型的普洱茶在口感上差异很大。

茶园茶产量大,通常大宗货(数以十吨以上计)用的多是茶园料子,当年新压的茶品,冲泡时茶性刚烈,苦涩度很高,难以入口。但由于价格低,可以大量购入,自己存放若干年后(通常茶园茶需要存放 8～10 年,才能进入喝的阶段),留作日常饮用所需。

在选购茶园茶时,需要了解茶品中春茶原料的比例。云南的茶青,一年中以春茶料为最好,价格也贵;秋料次之;夏料最便宜(也最苦涩)。大宗货的做法,通常春料用作洒面(取其芽多、条形漂亮),夏料与秋料以一定比例拼配(通常会有多个茶山的原料参与拼配)作为主料。有一些大宗货在生产时,春料采收的量大,价格便宜,于是在制作茶品时使用的春茶料比例相对偏高,这样的茶,口感上往往会比普通茶园茶优胜很多。也有一些茶商在订货时就与茶厂商定使用大比例春料压制茶品(当然由于成本提高了,价格也会相应走高),这样的茶,口感也一定比普通茶园茶制作的好很多。

冲泡茶园茶,从口感上来说,春茶料多的茶,香甜度高,苦涩度相对偏低,茶叶内含的茶元素物质丰富,活性高,口感活泼,纵有苦涩感，也会在短时间内回甘。茶人通过品鉴，当可分辨。

2. 普洱熟茶的选购与冲泡

普洱熟茶经过人工发酵，具有特殊的茶香和茶味，茶性温和，扶正理气，温中养胃，具有很好的养生价值。冲泡时汤色浓，偏深红色，茶味温和平顺。

熟茶制成，当年即可品尝（虽不好喝，也不至于不能喝）。当然有个三年左右陈期会更好，因为这时发酵的味道完全转化掉了，经过人工发酵而产生的多种复合聚合物也一定程度上通过跟空气接触而产生后期氧化，茶味变得更深沉内敛。此时品饮，茶香、茶味和茶韵会比较清楚。

熟茶有一个人工渥堆的发酵过程，因之不同的厂家，不同的批次，茶品的表现往往存在较大差异。

先说选料。熟茶起堆一般是同级发酵，就是芽茶、三到五级、七到九级这几种等级的茶叶是分别起堆发酵的。一个堆需茶青原料 9～12 吨。一次完整的发酵周期需时 8～10 周之间。发酵时需不停地检查堆温、翻堆、洒水……总之，发酵车间内温度高、湿度高，是一个很折磨人的地方。发酵是有风险的，万一哪一次翻堆的时间没掌握好，导致局部堆温过高，那堆温高的地方茶叶会出现过度发酵的状况，失去了做原材料的价值。所以通常茶厂会制定二十四小时小组轮值制，发酵组对堆温的监控是丝毫不能放松的。

从生产规模跟工序来讲，熟茶基本上不会有单一茶山原料的可能性，事实上不同茶山的原料放在一起，渥堆后形成的味道也都趋向于大同。

厂家不同，在渥堆的经验上各有心得，因而生产出来的熟茶茶品口味不一。我们在品饮时,会明显地觉得有一些制作优良的熟茶茶品偏“熟”一些,或是偏“生”一些(不把发酵做得太深)。偏熟的茶品,当年制成即可品尝;偏生的茶品,茶味中还保留了一些生茶口感,于是当年压制的茶仍带苦涩,茶水分离度还是很明显,这种茶要存放两三年后才会好喝。

质量上乘的当年制熟茶,冲泡时会清晰地闻到一种植物经过发酵而产生出来的特有的“熟”香,这里面绝不会有杂味,也不会有异香,闻香时要注意。茶水中还带有明显渥堆发酵的“堆”味,就是说发酵味道未退,因之茶味不清晰,茶、水分离的感觉明显,但总体上说茶汤味道浓郁,含在口中,已经有一定的黏稠感(这点比生茶优胜很多),变化立体丰富,品之有回甘的感觉。还有一条顶重要的,喉韵感觉好:茶下咽后,喉咙感觉很舒服。

反之,如果一款熟茶,品之虽有“陈”韵,但不管如何冲泡(甚至是大投茶量冲泡),茶汤中仍有一种“水水”的感觉,下咽后,喉咙有针刺感,甚至是一种呛喉感(锁喉),那基本可以断言,这款熟茶是经过后天(制成成品后)人工加湿存放(湿仓)催熟的。这样的茶品,少喝为妙。

熟茶加工的难点,在于如何通过发酵工序在生茶“熟化”与保留生茶原料“原生茶味与活性”之间取得平衡。我们喝到的熟茶茶味,简单说就是生茶中那些复杂无比又苦涩俱全的味道“熟化”过来的。生茶中的茶元素物质,在渥堆发酵的过程中被转化成多种复合聚合物,于是形成熟茶口感。

换言之,如果生茶茶底好,发酵出来的熟茶口感也会厚实丰富。如果参与渥堆的生茶原料本来底子就不厚实,那发酵出来的熟茶口感会又淡又薄，回甘也很弱。

另一方面，如果过度发酵，生茶茶叶中的绝大部分活性物质都会被转化殆尽，于是熟则熟矣，奈何口感生硬干瘪，茶品本应具备的活泼口感荡然无存，原本富有立体感的多种回味变化则通通弱化，导致无法形成明显的茶韵。

选购熟茶时要注意哪些要点呢？

(1)选茶底厚实肥壮、茶味浓郁的，不选口感淡薄的。

(2)选发酵成功同时又能适度保留茶叶内含物质活性的，不选口感有烧煳的植物味道、干瘪而缺少变化的。

(3)选茶汤形成度较好的，不选口感上茶、水分离严重的。

熟茶如果做工精良，陈化速度大约是两三年为一个周期。处在第一转化期的熟茶还会带有“水感”和“堆味”，但茶味清晰，堆味干净，冲泡时茶汤略带浑浊，汤色棕红或显深红(绝不显黑)，回甘明显，口感变化丰富，喉韵好；处在第二转化期的熟茶，“堆味”褪尽，茶、水完全溶合成浓浓的茶汤，特有的熟香和代表这种熟茶的茶味形成，茶汤转清澈，茶韵明显，口感立体，内容丰富，喉韵好；进入第三转化期的熟茶，陈韵开始形成，熟茶应该具有的一切优点都在这个时期形成，品饮时，会让人有心旷神怡之感。

熟茶在渥堆发酵时需要洒水，这发酵用的水是十分讲究的。发酵用水选用得好，对保留茶叶本身内含物质的活性会有很大帮助。这方面，各个茶厂都有自己的办法。

通过具体茶品的冲泡品鉴，熟茶发酵用的水好不好，是可以从口感上区分出来的。当年制作的熟茶，在冲泡时会有茶、水分离的口感，这时我们需细细品鉴这道茶的“水性”。如果“水性”好，口感一定是活泼丰满的，从“清、纯、正、气”四方面品鉴的结果看，这款熟茶的发酵用水想必是好的，对熟茶茶质的形成有相当大的积极作用；反之，其发酵用水没选好，对熟茶茶质的形成就有负面影响。

主要参考文献

陈宗懋.中国茶经[M].上海:上海文化出版社,1994.

赵英立.喝茶的智慧[M].湖南:湖南美术出版社,2013.

蔡荣章.中国人应知的茶道常识[M].北京:中华书局,2012.

丁以寿,蔡荣章.中国茶艺[M].合肥:安徽教育出版社,2011.

蔡荣章.茶道入门三篇[M].北京:中华书局,2006.

王玲.中国茶文化[M].北京:九州出版社,2009.

劳动和社会保障部中国就业培训技术指导中心.国家职业资格培训教程:茶艺师[M].北京:中国劳动社会保障出版社,2004.

何厚余.用心学泡茶[M].北京:中华书局,2010.